8 電気・電子工学基礎シリーズ

通信システム工学

安達文幸 [著]

朝倉書店

電気・電子工学基礎シリーズ　編集委員

編集委員長	**宮城　光信**	東北大学名誉教授
編集幹事	**濱島高太郎**	東北大学教授
	安達　文幸	東北大学教授
	吉澤　　誠	東北大学教授
	佐橋　政司	東北大学教授
	金井　　浩	東北大学教授
	羽生　貴弘	東北大学教授

序

　最近の通信システムはディジタル通信技術をもとに構成されている．本書では，ディジタル通信技術を理解する上で重要な，信号の周波数スペクトルの概念と伝送帯域幅，通信システムにおける雑音の影響，そしてディジタル変調と復調について記述した．本書は大学工学部3年生を対象にした教科書であり，図をふんだんに用いてできるだけ平易な説明に心がけた．

　本書は以下のような内容になっている．

　ディジタル通信システムを用いて波形連続のアナログ信号を伝送したいとき，まずそれを一定周期で標本化した上で"1"と"0"のパルス列に変換しなければならない．このとき，アナログ信号をどのような標本化周期で標本化するかが重要である．標本化周期はアナログ信号がどのような周波数成分で構成されているかによって決定される．まず，本書ではアナログ信号がどのような周波数成分で構成されているかをフーリエ級数とフーリエ変換を用いて表現することを学ぶ．そして，信号のある周波数成分を遮断，減衰，強調したりするフィルタについて学ぶ．送信した信号は通信路を通って受信されるが，このとき雑音が加わる．雑音は不規則であるから統計的な取り扱いが必要である．雑音の統計的性質について学ぶ．

　通信路のほとんどは直流成分を伝送できない帯域伝送路である．このような通信路で信号を伝送するために使われるのが変調という操作であり，高い周波数の搬送波の振幅，位相や周波数を送信信号で変調する．送信信号が連続値を持つアナログ信号であるときアナログ変調と呼ぶ．送信信号が離散値を持つディジタル信号であるとき，ディジタル変調と呼ばれる．アナログ変調とディジタル変調との間には本質的な差異はない．本書ではまず，アナログ変調と復調について学ぶ．次に復調後の信号の品質を決定する大事な指標である信号対雑音電力比について学ぶ．

　すでに述べたように，伝送したい信号がアナログ信号であれば，それを一定周期で標本化し，"1"と"0"のパルス列に変換しなければならない．この標本化の基礎となるのが標本化定理である．標本化のあと，"0"と"1"を用い

て標本を表現する符号化を適用する．これがパルス符号化といわれるもので，本書ではこの原理について学ぶ．このようなパルス系列で搬送波を変調するのがディジタル変調である．本書の後半では，ディジタル変調の原理，ディジタル信号の最適受信や通信路雑音で発生する伝送誤りを検出・訂正する通信路符号化について学ぶ．

　また，本書では，以上学んだディジタル通信技術が実際の通信システムでどのように利用されているかについても概説している．

　2007年1月

安 達 文 幸

目　　次

1. 通信システムの構成 ……………………………………………………1
   1.1 通信の目的 ………………………………………………………1
   1.2 通信の歴史 ………………………………………………………2
   1.3 通信情報と通信形態 ……………………………………………3
   1.4 固定通信と移動通信 ……………………………………………3
   1.5 通信システムのモデル …………………………………………4
   1.6 本書で学ぶこと …………………………………………………5

2. フーリエ級数とフーリエ変換 …………………………………………6
   2.1 決定論的信号の表現 ……………………………………………6
   2.2 フーリエ級数——周期信号の表現—— ………………………6
   2.3 フーリエ変換——非周期信号の表現—— ……………………12
   2.4 周期関数のフーリエ変換と電力スペクトル密度 ……………14
   2.5 フーリエ変換の重要な性質 ……………………………………16

3. 線形システムにおける信号伝送とひずみ ……………………………22
   3.1 線形システム ……………………………………………………22
   3.2 線形システムの濾波特性 ………………………………………25
   3.3 複数のフィルタの縦続接続 ……………………………………28
   3.4 フィルタ応答のエネルギースペクトル密度 …………………28
   3.5 フィルタ応答の電力スペクトル密度 …………………………29

4. 雑音の統計的性質 ………………………………………………………32
   4.1 通信システムと雑音 ……………………………………………32
   4.2 決定論的信号と不規則信号 ……………………………………32
   4.3 確率密度関数と確率分布関数 …………………………………33
   4.4 平均値と分散 ……………………………………………………35

- 4.5 定常性と自己相関関数 ………………………………………36
- 4.6 不規則信号の電力スペクトル密度 …………………………37
- 4.7 白色雑音 ………………………………………………………39
- 4.8 線形システム出力の電力スペクトル密度 …………………40
- 4.9 変調と復調 ……………………………………………………41
- 4.10 帯域通過信号の数式表現 ……………………………………44
- 4.11 帯域通過雑音 …………………………………………………45
- 4.12 自己相関関数の複素表現と電力スペクトル密度 …………48

5. 信号対雑音電力比と雑音指数 …………………………………51
- 5.1 熱雑音の周波数スペクトル密度 ……………………………51
- 5.2 回路網の熱雑音 ………………………………………………52
- 5.3 有能雑音電力スペクトル密度 ………………………………53
- 5.4 信号対雑音電力比（S/N）と雑音指数（NF） ……………54

6. アナログ変調——振幅変調—— ………………………………58
- 6.1 変調の種類 ……………………………………………………58
- 6.2 振幅変調（AM） ………………………………………………59
- 6.3 検波器出力の信号対雑音電力比（S/N） …………………67

7. アナログ変調——角度変調—— ………………………………72
- 7.1 周波数変調（FM）と位相変調（PM） ………………………72
- 7.2 FM波の周波数成分 …………………………………………73
- 7.3 FM波とAM波の比較 ………………………………………74
- 7.4 FM検波のS/N ………………………………………………76
- 7.5 エンファシス …………………………………………………79

8. 標本化定理とパルス振幅変調 …………………………………82
- 8.1 標本化定理 ……………………………………………………82
- 8.2 パルス振幅変調（PAM） ……………………………………85

9. パルス符号変調（PCM） ……………………………………………89
- 9.1 PCM 伝送方式 ……………………………………………………89
- 9.2 量子化と符号化 …………………………………………………90
- 9.3 量子化雑音 ………………………………………………………92
- 9.4 非線形量子化 ……………………………………………………93
- 9.5 線形予測符号化を用いる PCM 伝送 …………………………93
- 9.6 低ビットレート音声符号化 ……………………………………95

10. ディジタル変調 ……………………………………………………97
- 10.1 ディジタル伝送 …………………………………………………97
- 10.2 ディジタル変調器 ………………………………………………99
- 10.3 被変調信号の波形 ……………………………………………100
- 10.4 多値変調 ………………………………………………………101
- 10.5 被変調信号の周波数スペクトル密度 ………………………103

11. ディジタル伝送における最適受信 ……………………………107
- 11.1 信号判定時点の S/N ………………………………………108
- 11.2 整合フィルタ …………………………………………………110
- 11.3 2 PSK 伝送系のモデル ………………………………………112
- 11.4 ナイキスト基準 ………………………………………………115
- 11.5 送受信フィルタの設計 ………………………………………119

12. ディジタル伝送の誤り率 ………………………………………122
- 12.1 ディジタル変調と整合フィルタ ……………………………122
- 12.2 誤り率 …………………………………………………………124

13. 通信路符号化 ……………………………………………………131
- 13.1 自動再送 ………………………………………………………131
- 13.2 誤り検出と誤り訂正 …………………………………………134
- 13.3 復号の概念 ……………………………………………………135
- 13.4 誤りの検出に用いられる誤り検出符号
  ——単一パリティ検査符号—— ………………………………136

13.5 誤り訂正符号——ハミング (7,4) 符号—— ……………………138
   13.6 符号化データのインタリーブ ……………………………………139

14. 多重伝送と多重アクセス ………………………………………142
   14.1 多 重 伝 送 ……………………………………………………143
   14.2 多重アクセス ……………………………………………………146

演習問題解答 ……………………………………………………………149

参 考 文 献 ……………………………………………………………161

索   引 ……………………………………………………………163

1 通信システムの構成

　通信技術は社会を大きく変貌させ続けている．主な通信技術の導入を年代順に列記すると，以下のようになろう．
　1900 年代： 電話（固定有線通信）
　1920〜30 年代： ラジオ・テレビ放送（固定無線通信）
　1980 年代： 携帯電話（移動無線通信）
　1990 年代： インターネット（マルチメディア通信）
　2000 年代： 携帯電話・コンピューター・インターネットが融合したマルチメディア携帯通信，そしてブロードバンド通信へ

　これからは，ブロードバンド通信の時代になるだろう．音声のみならず動画像を含むマルチメディア情報をいたるところでやりとりできる時代になる．無線や有線を用いる多様な通信システムが互いに連携して，これらブロードバンドマルチメディア情報サービスを提供するようになろう．
　まず，現代の通信システムの基礎となっている理論と技術をしっかりと学ぶことが大事である．そして，より高度な通信システムを研究・開発する能力を身に付け，社会へ貢献するのが通信技術者の役割である．本書では，これら通信システムを構成する技術を理解する上で重要な基礎を述べている．

1.1 通 信 の 目 的

　通信とは何か？　それはもちろん私たちの意思を伝達することであろうが，最近ではコンピュータ間通信のように人間を介さない通信もある．通信の目的をまとめると以下のようになろう．
　(1)　遠くの人と会話したい
　　　・ 送る情報： 音声
　　　・ 通信システム： 電話，携帯電話

(2) 遠くの情報を知りたい，みてみたい（あるいは遠くの人へ情報を送りたい）
- 送る情報： 音声，データや画像
- 通信システム： ラジオ・テレビ放送，遠隔監視，インターネット

(3) 遠くの機械を操作したい
- 送る情報： 制御データ
- 通信システム： 遠隔操縦（無人飛行機，衛星），宇宙探査機

1.2 通信の歴史

　私たちの最も身近な電話がベル（G. Bell）によって発明されたのが，1876年のことである．これは有線通信の始まりである．その後，無線を使った通信の実験がマルコーニ（G. Marconi）によって行われた．1897年に特許を取得し，1901年に大西洋横断無線電信実験に成功している．このときには電流を断続させて火花を出すことによって電波を発射する，いわゆるオン・オフ通信というきわめて単純な方法であった．通信品質を飛躍的に向上させたのが周波数変調（FM）方式で，アームストロング（E. H. Armstrong）によって1933年に発明された．現在もラジオ放送で用いられている．通信機器の飛躍的な向上を可能にしたトランジスタがショックレイ（W. B. Shockley）によって発明されたのが1951年のことである．最近の通信システムはもっぱら，送信情報のディジタル符号化と復号，ディジタル変復調などの技術に基づいている．

　さて，通信サービスがどのように広まっていったかというと，まずAMラジオ放送が日本で始まったのが1925年，TV放送が1953年のことである．移動通信サービスは移動しながら通信を行うことができるシステムで，世界で最初の公衆移動通信は1953年に日本でサービスが始まった船舶電話といわれている．最近では誰もが携帯電話を持つようになった．わが国で携帯電話のサービスが始まったのが1979年のことで，世界で最初の本格的移動通信であった．最近急速に普及しているインターネットサービスが日本で始まったのは1993年のことである．

1.3 通信情報と通信形態

情報の種類は以下の 3 つに分類できよう．通信情報は，インターネットの普及に伴い，音声からデータ（テキスト情報など）や情報画像へと移っている．
- 音声
- データ
- 画像

通信形態は以下のように 3 つに分類できよう．
- 人 対 人
- 人 対 コンピュータ
- コンピュータ 対 コンピュータ

インターネットの普及前は人から人への通信が主であったが，最近ではコンピュータが介在する通信が増えてきている．

1.4 固定通信と移動通信

現代の通信システムを大別すると，固定通信と移動通信ということになろう．固定通信とは，基本的には静止点と静止点とを結ぶ通信である．コードレス電話は点を面にやや広げた通信を提供する．一方，移動通信とは，面的通信である．サービスエリアを比較すると，移動通信システムは固定通信システムに比べて圧倒的に広いエリアで通信サービスを提供できる．しかし，固定通信は高い通信品質と高速通信を誇っている．携帯電話の加入者（ユーザ）数が，図 1.1 のように 2000 年の 3 月に固定電話の数を超えるという歴史的な出来事が起こった．誰もが場所と時間に縛られずに人と人との通信をしたいと望んでいるということである．

しかし，これからは固定通信と移動通信に分けるのは難しくなるかもしれない．なぜなら，互いの特徴を生かして固定通信と

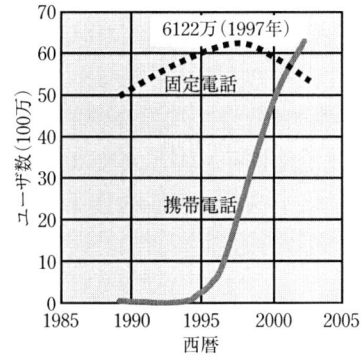

図 1.1 携帯電話と固定電話のユーザ数の変遷

移動通信が互いに協調して通信サービスを提供するようになるかもしれないからである．

インターネットの急速な普及により高速通信が切望されている．そのため，固定網アクセスリンクの高速化や移動通信システムの高速化が重要な技術課題になっている．私たちの未来社会はどのようになるか？　高速固定通信網を基幹網（バックボーンネットワーク）にして移動通信，コンピュータとインターネットが，私たち社会のマルチメディア化への大きな推進力になっている．「いつでも，どこでも，誰とでも，どんな情報をも瞬時にやり取りしたい」という究極の目標に一歩ずつ近づいている．

1.5　通信システムのモデル

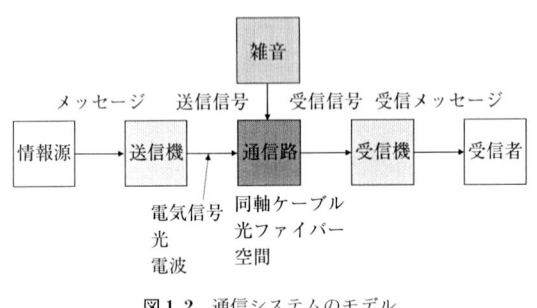

図1.2　通信システムのモデル

通信システムのモデルを図1.2に示す．通信システムは，送信機，通信路と受信機から構成される．送信機では，送信メッセージ（たとえば音声）をアナログまたはディジタル電気信号に変換したのち，通信路で伝送するのに適した信号波形へ変換する．通信路には，有線と無線の通信路がある．同軸ケーブルや光ファイバーには線路損失があるし，電波伝搬路にも伝搬損失があるので，受信側に到達するまでに信号電力が減衰する．受信機では，信号帯域以外の雑音をフィルタで除去したのち，減衰した受信信号を，信号処理しやすい電圧まで増幅する．そのあと，送信メッセージ（たとえば音声）を表す電気信号波形に変換し，送信メッセージを復元するのである．

通信速度の設計

通信システムを設計するにあたって重要なことは，送信メッセージの情報速度（1秒あたりのビット数）を知ることである．ある信号波形をディジタル伝送するとしよう．このとき，1秒間あたりどのくらいの頻度で標本化して，1標本あたり何ビットで表せばいいか，を知らなければならない．音声伝送の場

合，信号帯域幅は 3.4 kHz である．8 kHz 標本化を用いて，1 標本あたり 256 レベル（8 ビット）で符号化するものとすれば，伝送速度は 64 kbps（キロビット/秒）となる．標本化周波数について第 8 章で学ぶ．

次に重要なことは，通信路の最大情報伝送速度（1 秒あたりのビット数）を知ることである．通信路の最大情報伝送速度（ビット/秒）には限界がある．これを通信容量と呼び，帯域幅 W と信号対雑音電力比 S/N の関数である．通信容量 C（ビット/秒）はシャノン（Shannon）により次式のように与えられている．

$$C = 2W \text{（標本/秒）} \times \log_2 \sqrt{1+S/N} \text{（ビット/標本値）}$$
$$= W \log_2(1+S/N) \text{（ビット/秒）}$$

通信速度決定にあたって重要なことを以下にまとめる．
- 信号はどういう周波数成分（周波数スペクトル）から成り立っているか？
- 雑音はどんな性質を有しているか？
- どのようにしてアナログ信号をディジタル信号に変換するか？
- どのようにディジタル信号を伝送するか？
- 通信路の帯域幅は何 Hz か，S/N はいくらか？

1.6　本書で学ぶこと

最近の通信システムはディジタル通信技術をもとに構成されている．本書の目的は，このような通信システムを設計するために必要となるディジタル技術の基礎を学ぶことである．通信システムにおける信号の周波数スペクトル，信号伝送とひずみ，雑音，そしてディジタル変調と復調の基礎について，具体的な実例を用いながら学ぶ．これによって読者が以下のようなことを理解し，説明できるようになることを期待する．
- 信号の周波数スペクトルの概念と伝送帯域幅
- 通信システムにおける雑音の影響
- ディジタル変調と復調

2 フーリエ級数とフーリエ変換

任意の信号波形は，ある周波数を持った正弦波の線形結合で表すことができる．以下では，信号のフーリエ級数展開とフーリエ変換について学び，信号の時間領域表現と周波数領域表現との相互関係を理解する．

2.1 決定論的信号の表現

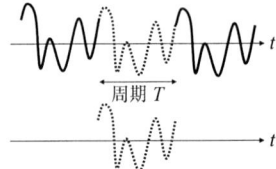

図 2.1 周期信号と非周期信号の関係

信号には周期信号と非周期信号とがある．図2.1に示すように，ある波形が一度しか現れなければ非周期信号であり，同じ波形が繰り返し現れるのが周期信号である．周期信号の表現に用いられるのがフーリエ級数である．一方，非周期信号を表すのに用いられるのが，フーリエ変換と逆フーリエ変換である．フーリエ級数およびフーリエ変換を角周波数 ω (radian/sec) を用いて表示している教科書が多いが，本書では一貫して周波数 f (Hz) を用いている．すなわち，$\omega=2\pi f$ であり，フーリエ変換対の場合，次の関係を用いる．

$$\begin{cases} g(t) = \int_{-\infty}^{+\infty} G(f) \exp(j2\pi ft)\, df \\ G(f) = \int_{-\infty}^{+\infty} g(t) \exp(-j2\pi ft)\, dt \end{cases} \quad (2.1)$$

2.2 フーリエ級数——周期信号の表現——

a．三角関数を用いるフーリエ級数

まず，三角関数によるフーリエ級数（三角フーリエ級数と呼ぶ）について述

2.2 フーリエ級数——周期信号の表現——

べる．周期 T を持つ任意の波形 $g(t)$ を時間区間 $[-T/2, T/2]$ で切り取ったとき，その区間の $g(t)$ を複数の直交関数（三角関数）の線形結合で表現することができる．これを図 2.2 に示す．周期関数 $g(t)$ は次のような三角フーリエ級数で表すことができる．

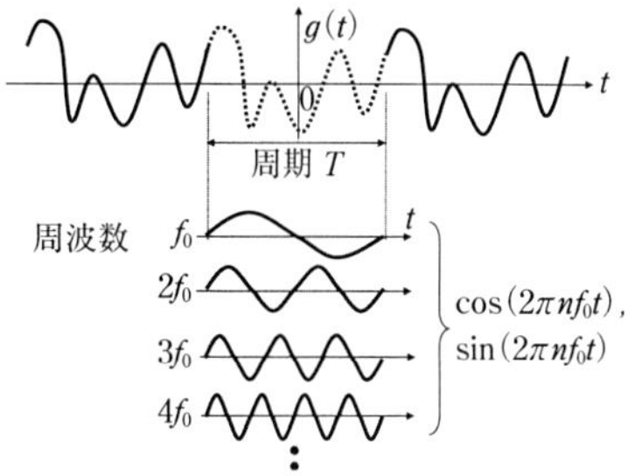

$$g(t) = a_0 + \sum_{n=1}^{\infty} \{a_n \cos(2\pi n f_0 t) + b_n \sin(2\pi n f_0 t)\},$$
$$|t| \leq T/2 \tag{2.2}$$

図 2.2 周期的信号のフーリエ級数展開

ここで，$f_0 = 1/T$ は基本周波数，a_n と b_n はフーリエ係数と呼ばれ，次のように求めることができる．

$$\begin{cases} a_0 = \dfrac{1}{T} \displaystyle\int_{-T/2}^{T/2} g(t)\,dt \\ a_n = \dfrac{2}{T} \displaystyle\int_{-T/2}^{T/2} g(t) \cos(2\pi n f_0 t)\,dt \\ b_n = \dfrac{2}{T} \displaystyle\int_{-T/2}^{T/2} g(t) \sin(2\pi n f_0 t)\,dt \end{cases} \tag{2.3}$$

周期信号が三角フーリエ級数で表現できる理由を，以下に述べる．区間 $[t_1, t_2]$ で観測される時間波形 $g(t)$ を，次式のように直交関数の線形結合で近似する．

$$g(t) \approx \sum_{n=1}^{N} c_n g_n(t) \tag{2.4}$$

ここで，$g_n(t)$ は次式を満たす直交関数である．

$$\int_{t_1}^{t_2} g_n(t) g_m(t)\,dt = 0, \quad n \neq m \tag{2.5}$$

時間波形 $g(t)$ を直交関数の線形結合で近似したときの誤差 $e(t)$ は次式で与えられる．

$$e(t) = g(t) - \sum_{n=1}^{N} c_n g_n(t) \tag{2.6}$$

平均 2 乗誤差 $\overline{e^2}$ を最小にする係数 c_n を求める．$\overline{e^2}$ は次式で定義される．

$$\overline{e^2} = \frac{1}{t_2 - t_1} \int_{t_1}^{t_2} \left[g(t) - \sum_{n=1}^{N} c_n g_n(t) \right]^2 dt \tag{2.7}$$

これを最小にする係数 c_n は，$\overline{e^2}$ の c_n に関する偏微分を零とおけば（$\partial \overline{e^2}/\partial c_n=0$），次式のように求められる．

$$c_n = \frac{\int_{t_1}^{t_2} g(t)g_n(t)\,dt}{\int_{t_1}^{t_2} g_n^2(t)\,dt} \tag{2.8}$$

また，$\partial \overline{e^2}/\partial c_n = 0$ より

$$\int_{t_1}^{t_2} e(t)g_n(t)\,dt = 0 \tag{2.9}$$

が得られるから，誤差 $e(t)$ は全ての直交関数と直交していることがわかる．最小平均2乗誤差 $\overline{e^2}_{\min}$ は次式で与えられることになる．

$$\overline{e^2}_{\min} = \frac{1}{t_2-t_1}\int_{t_1}^{t_2}\left[g(t) - \sum_{n=1}^{N} c_n g_n(t)\right]^2 dt = \frac{1}{t_2-t_1}\int_{t_1}^{t_2} g^2(t)\,dt - \sum_{n=1}^{N} c_n^2 \overline{g_n^2} \tag{2.10}$$

ここで

$$\overline{g_n^2} = \frac{1}{t_2-t_1}\int_{t_1}^{t_2} g_n^2(t)\,dt \tag{2.11}$$

である．N を大きくするにつれて $\overline{e^2}_{\min}$ が零に漸近するならば，次式のように $g(t)$ を無限個の直交関数の線形結合

$$g(t) = \sum_{n=1}^{N} c_n g_n(t) \tag{2.12}$$

で表せることになる．また

$$\frac{1}{t_2-t_1}\int_{t_1}^{t_2} g^2(t)\,dt = \sum_{n=1}^{\infty} c_n^2 \overline{g_n^2} \tag{2.13}$$

である．これはパーシバル（Parseval）の定理として知られている．よく知られた直交関数は，基本周波数 $f_0=1/(t_2-t_1)$ の整数倍の周波数を有する正弦波および余弦波の集合，すなわち $\{\sin(2\pi n f_0 t);n=0,1,2,\cdots\}$ および $\{\cos(2\pi n f_0 t);n=0,1,2,\cdots\}$ である．このとき，式 (2.2) が得られる．

関数 $g(t)$ が周期 T の周期関数であれば，フーリエ級数の表現を時間区間 $[-\infty,\infty]$ へ拡張することができる．$g(t)=g(t+kT)$，$k=\cdots,-2,-1,0,1,2,\cdots$，であるから

$$g(t) = a_0 + \sum_{n=1}^{\infty}\{a_n\cos(2\pi n f_0 t) + b_n\sin(2\pi n f_0 t)\},\quad -\infty<t<\infty \tag{2.14}$$

ただし

$$\begin{cases} a_0 = \dfrac{1}{T}\displaystyle\int_{-T/2}^{T/2} g(t)\,dt, & a_n = \dfrac{2}{T}\displaystyle\int_{-T/2}^{T/2} g(t)\cos(2\pi n f_0 t)\,dt \\ b_n = \dfrac{2}{T}\displaystyle\int_{-T/2}^{T/2} g(t)\sin(2\pi n f_0 t)\,dt & \end{cases} \quad (2.15)$$

任意の周期関数 $g(t)$ がフーリエ級数展開できるということは，周期関数がいろいろな周波数成分の項に分解できることを意味している．基本周波数 f_0 の n（整数）倍の周波数点のみに信号成分がある．このとき，$g(t)$ は離散スペクトルあるいは線スペクトルを持つという．この様子が図 2.3 に示されている．ここで，三角関数に関して

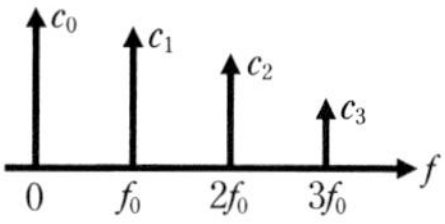

$$a_n\cos(2\pi n f_0 t) + b_n\sin(2\pi n f_0 t) = c_n\cos(2\pi n f_0 t - \varphi_n) \quad (2.16)$$

図 2.3 線スペクトル

であることを用いる．ただし

$$\varphi_n = \tan^{-1}(b_n/a_n), \qquad c_n = \sqrt{a_n^2 + b_n^2} \quad (2.17)$$

である．そうすると

$$g(t) = a_0 + \sum_{n=1}^{\infty}\{a_n\cos(2\pi n f_0 t) + b_n\sin(2\pi n f_0 t)\} = \sum_{n=0}^{\infty} c_n\cos(2\pi n f_0 t - \varphi_n) \quad (2.18)$$

したがって，周波数 $n f_0$ の線スペクトルの大きさは c_n で与えられることがわかる．

b．指数関数を用いるフーリエ級数（指数フーリエ級数）

これまでは，三角関数を用いて周期関数 $g(t)$ を表現する三角フーリエ級数について述べた．ここでは，時間区間 $[-T/2,\,T/2]$ で直交する複素関数の集合 $\{g_n(t);\,n=\cdots,-2,-1,0,1,2,\cdots\}$ を用いて，次式のようにフーリエ級数展開することを考えよう．

$$g(t) = \sum_{n=-\infty}^{\infty} G_n g_n(t) \quad (2.19)$$

複素関数の集合 $\{g_n(t)\}$ が

$$\frac{1}{T}\int_{-T/2}^{T/2} g_n(t)\,g_m{}^*(t)\,dt = \begin{cases} 1, & n=m \\ 0, & \text{その他} \end{cases} \quad (2.20)$$

を満たすとき，時間区間 $[-T/2,\,T/2]$ で直交しているという．ただし，*

は複素共役である．三角フーリエ級数のときと同様に，平均2乗誤差 $\overline{e^2}$ を次式のように定義し，これを最小とする係数を求める．

$$\overline{e^2} = \frac{1}{t_2 - t_1} \int_{t_1}^{t_2} |g(t) - \sum_{n=-\infty}^{\infty} G_n g_n(t)|^2 dt \tag{2.21}$$

$\partial \overline{e^2} / \partial G_n = 0$ より

$$G_n = \frac{\int_{t_1}^{t_2} g(t) g_n^*(t) dt}{\int_{t_1}^{t_2} |g_n(t)|^2 dt} \tag{2.22}$$

が得られる．

$f_0 = 1/T$ の整数倍の周波数を持ち，時間区間 $[-T/2, T/2]$ で直交する指数関数群を複素関数群 $\{g_n(t)\}$ として用いて，$g(t)$ の指数フーリエ級数を求める．すなわち

$$g_n(t) = \exp(j2\pi n f_0 t) = \cos(2\pi n f_0 t) + j\sin(2\pi n f_0 t) \tag{2.23}$$

このとき，$g(t)$ の指数フーリエ級数は次のように表される．

$$\begin{cases} g(t) = \sum_{n=-\infty}^{\infty} G_n \exp(j2\pi n f_0 t) \\ G_n = \frac{1}{T} \int_{-T/2}^{T/2} g(t) \exp(-j2\pi n f_0 t) dt \end{cases} \tag{2.24}$$

指数フーリエ級数では負の周波数成分が存在することに注意が必要である．周波数 nf_0 の線スペクトルの大きさは $|G_n|$ で与えられる．G_n と G_{-n} は大きさが同じであるが，位相が反転している．すなわち

$$G_{-n} = \frac{1}{T} \int_{-T/2}^{T/2} g(t) \exp(j2\pi n f_0 t) dt = G_n^* \tag{2.25}$$

この様子を示したのが図 2.4 および図 2.5 である．

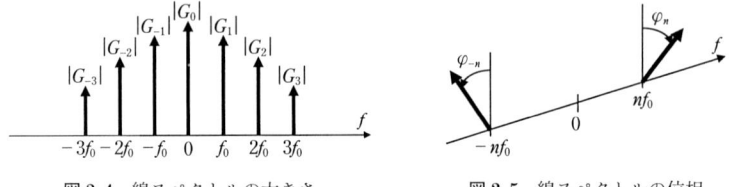

図 2.4　線スペクトルの大きさ　　　図 2.5　線スペクトルの位相

c．三角フーリエ級数と指数フーリエ級数との関係

三角フーリエ級数と指数フーリエ級数とは表現が異なっているだけで，同じフーリエ級数である．三角フーリエ級数は以下のように表される．

2.2 フーリエ級数——周期信号の表現——

$$g(t) = a_0 + \sum_{n=1}^{\infty} \{a_n \cos(2\pi n f_0 t) + b_n \sin(2\pi n f_0 t)\} = \sum_{n=0}^{\infty} c_n \cos(2\pi n f_0 t - \varphi_n)$$
(2.26)

ここで

$$c_n = \sqrt{a_n^2 + b_n^2}, \qquad \varphi_n = \tan^{-1}(b_n/a_n) \quad (2.27)$$

一方,式 (2.25) の関係を用いると指数フーリエ級数は次式で与えられる.

$$g(t) = \sum_{n=-\infty}^{\infty} G_n \exp(j2\pi n f_0 t)$$

$$= G_0 + 2\sum_{n=1}^{\infty} \{\mathrm{Re}[G_n]\cos(2\pi n f_0 t) - \mathrm{Im}[G_n]\sin(2\pi n f_0 t)\} \quad (2.28)$$

ここで,$\mathrm{Re}[z]$ と $\mathrm{Im}[z]$ は,複素数 z の実数部と虚数部をそれぞれ表す.式 (2.26) と (2.28) とを比較すると

$$\mathrm{Re}[G_n] = (1/2) a_n, \qquad \mathrm{Im}[G_n] = -(1/2) b_n \quad (2.29)$$

であることがわかる.したがって,$n \geq 1$ のとき

$$G_n = \mathrm{Re}[G_n] + j\,\mathrm{Im}[G_n] = (1/2)(a_n - jb_n) = (1/2) c_n \exp(-j\varphi_n) \quad (2.30)$$

ただし,$G_0 = a_0$ である.$n \leq -1$ のときは,$G_n = G_{-n}{}^*$ より $G_n = (1/2)(a_{-n} + jb_{-n})$ になる.

d. 平均電力

周期関数の平均電力を求める.抵抗を $1\,\Omega$ とする.このときの電力は正規化電力(normalized power)と呼ばれる.三角フーリエ級数を用いて平均電力 P を表すと次式のようになる.

$$P = \frac{1}{T}\int_{-T/2}^{T/2} g^2(t)\,dt = \frac{1}{T}\sum_{n=0}^{\infty}\int_{-T/2}^{T/2}\{c_n \cos(2\pi n f_0 t - \varphi_n)\}^2 dt = c_0^2 + \frac{1}{2}\sum_{n=1}^{\infty} c_n^2$$
(2.31)

ここで,c_0^2 は直流電力,$c_n^2/2$ は周波数が nf_0 である成分の電力である.c_0^2 と $c_n^2/2$ の集合は電力スペクトル(power spectrum)と呼ばれる.

また,$c_n = \sqrt{a_n^2 + b_n^2}$ であるから

$$P = a_0^2 + \frac{1}{2}\sum_{n=1}^{\infty}(a_n^2 + b_n^2) \quad (2.32)$$

である.指数フーリエ級数を用いて,平均電力を表すと

$$P = \frac{1}{T}\int_{-T/2}^{T/2} g^2(t)\,dt = \frac{1}{T}\sum_{n=-\infty}^{\infty}\sum_{m=-\infty}^{\infty}\int_{-T/2}^{T/2} G_n G_m \exp(j2\pi(n+m)f_0 t)\,dt$$

ここで $m=-n$ 以外では上式の積分は零になるから

$$P = \sum_{n=-\infty}^{\infty} G_n G_{-n} \qquad (2.34)$$

であるが,式 (2.30) より $G_{-n}=G_n{}^*$ であるので,次式を得る.

$$P = \sum_{n=-\infty}^{\infty} |G_n|^2 = |G_0|^2 + 2\sum_{n=1}^{\infty} |G_n|^2 \qquad (2.35)$$

ここで,$|G_n|^2$ は周波数が nf_0 である成分の電力である.

2.3 フーリエ変換——非周期信号の表現——

周期 T を持つ周期信号 $g(t)$ の周期が無限大になったときの極限が非周期信号であるとみなすことができる.この様子を図 2.6 に示す.このような非周期信号を表現するときに用いられるのがフーリエ変換である.

a. フーリエ変換

フーリエ級数の極限がフーリエ変換であることを示そう.周期関数 $g(t)$ のフーリエ級数は次式のようになる.

$$\begin{cases} g(t) = \sum_{n=-\infty}^{\infty} G_n \exp(j2\pi nf_0 t) \\ G_n = \dfrac{1}{T} \int_{-T/2}^{T/2} g(t) \exp(-j2\pi nf_0 t)\, dt \end{cases} \qquad (2.36)$$

ただし,f_0 は基本周波数であり,$f_0=1/T$ である.ここで $T\to\infty$ とすれば周期関数は非周期関数 $g(t)$ に近づく.離散スペクトルの間隔は $1/T$ であるが,$f_0=1/T\to 0$ であるから,限りなく接近する.このことから,周波数スペクト

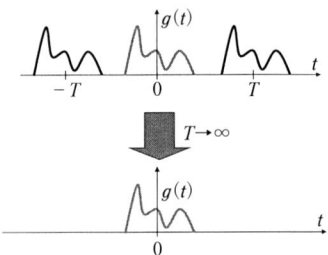

図 2.6 周期信号と非周期信号

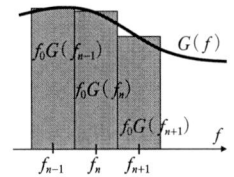

図 2.7 連続周波数スペクトルの近似

ルは連続であると近似できるようになる．そこで，図 2.7 に示すように，G_n は連続周波数スペクトル密度 $G(f)$ の周波数区間 $[f_n-f_0/2, f_n+f_0/2]$ の面積であると考える．ただし，$f_n=nf_0$ である．

周波数 $f=f_n$ における $G(f)$ は G_n/f_0 となるから

$$G(f)=\lim_{T\to\infty} G_n/f_0 = \lim_{T\to\infty}\frac{1}{f_0 T}\int_{-T/2}^{T/2} g(t)\exp(-j2\pi nf_0 t)\,dt \quad (2.37)$$

ここで，$T\to\infty$ のとき f_0 は無限小になることから，nf_0 を連続変数 f に置き換えることができる．$f_0 T=1$ であるから

$$G(f)=\int_{-\infty}^{\infty} g(t)\exp(-j2\pi ft)\,dt \quad (2.38)$$

が得られる．f_0 は微小であるから $\Delta f=f_0$ のように表すと，式 (2.36) は

$$g_T(t)=\sum_{n=-\infty}^{\infty}\frac{G_n}{\Delta f}\exp[j2\pi n\Delta ft]\Delta f \quad (2.39)$$

となるが，$G(nf_0)=G_n/\Delta f$ であり，f_0 は微小であることから $n\Delta f$ を連続変数 f に置き換え，上式の和を積分で置き換えると次式が得られる．

$$g(t)=\lim_{T\to\infty} g_T(t)=\int_{-\infty}^{\infty} G(f)\exp(j2\pi ft)\,df \quad (2.40)$$

b． フーリエ変換対

非周期関数 $g(t)$ は次式のような関係を持つ．これをフーリエ変換対と呼ぶ．

$$\begin{cases} g(t)=\int_{-\infty}^{\infty} G(f)\exp(j2\pi ft)\,df \\ G(f)=\int_{-\infty}^{\infty} g(t)\exp(-j2\pi ft)\,dt \end{cases} \quad (2.41)$$

ここで，$G(f)$ は $g(t)$ のフーリエ変換，$g(t)$ は $G(f)$ の逆フーリエ変換である．また，$G(f)$ は $g(t)$ の周波数スペクトル密度と呼ばれる．

また，関数 $g(t)$ が実数のとき，正と負の周波数点の周波数スペクトル密度，$G(f)$ と $G(-f)$ との間には次の関係がある．

$$G(-f)=\int_{-\infty}^{\infty} g(t)\exp(j2\pi ft)\,dt = \left(\int_{-\infty}^{\infty} g(t)\exp(-j2\pi ft)\,dt\right)^{*}=G^{*}(f) \quad (2.42)$$

すなわち，$G(-f)$ は $G(f)$ の複素共役である．大きさは同じであるが，位相が反転している．

c．エネルギースペクトル密度

非周期関数の周期は無限大であるとみなせるから，平均電力は零となるが，エネルギーは有限である．波形 $g(t)$ のエネルギー E_g は

$$E_g = \int_{-\infty}^{\infty} g^2(t)\,dt \tag{2.43}$$

である．これをフーリエ変換を用いて変形すると，次式のようになる．

$$\begin{aligned}
E_g &= \int_{-\infty}^{\infty} g(t)\left[\int_{-\infty}^{\infty} G(f)\exp(j2\pi ft)\,df\right]dt \\
&= \int_{-\infty}^{\infty} G(f)\left[\int_{-\infty}^{\infty} g(t)\exp(-j2\pi ft)\,dt\right]^{*}df \\
&= \int_{-\infty}^{\infty} |G(f)|^2\,df
\end{aligned} \tag{2.44}$$

式 (2.43) と (2.44) から次の関係式が得られる．

$$\int_{-\infty}^{\infty} g^2(t)\,dt = \int_{-\infty}^{\infty} |G(f)|^2\,df \tag{2.45}$$

三角フーリエ級数で述べたように，上式は複素表現を用いるときのパーシバルの定理として知られている．そして，$|G(f)|^2$ は $g(t)$ のエネルギースペクトル密度 $\varepsilon_g(f)$ と呼ばれる．

2.4 周期関数のフーリエ変換と電力スペクトル密度

周期関数のエネルギーは無限大であるが，単位時間あたりのエネルギー，すなわち電力，は有限である．その電力が周波数領域でどのように分布しているかを表すのが電力スペクトル密度である．電力スペクトル密度は単位周波数あたりの電力である．

これまで，周期関数はフーリエ級数で表されることを述べた．それでは，そのフーリエ変換と電力スペクトル密度はどのように表されるだろうか．周期 T の周期関数 $g(t)$ のフーリエ級数は次式で与えられる．

$$\begin{cases} g(t) = \sum_{n=-\infty}^{\infty} G_n \exp(j2\pi n f_0 t) \\ G_n = \dfrac{1}{T}\int_{-T/2}^{T/2} g(t)\exp(-j2\pi n f_0 t)\,dt \end{cases} \tag{2.46}$$

ここで，f_0 は基本周波数であり，$1/T$ で与えられる．上式の第1式の両辺をフーリエ変換すると

$$G(f)=F[g(t)]=\sum_{n=-\infty}^{\infty}G_n F[\exp(j2\pi nf_0 t)]=\sum_{n=-\infty}^{\infty}G_n\delta(f-nf_0) \quad (2.47)$$

ここで，$F[.]$ はフーリエ変換操作を表す．また

$$\int_{-\infty}^{\infty}\exp(j2\pi ft)\,df=\delta(t) \quad (2.48)$$

であることを用いた（3.1節参照）．すなわち，周期関数の周波数スペクトル密度 $G(f)$ は，基本周波数 f_0 の整数倍の周波数 nf_0 だけに存在するインパルス列で表されることがわかる．

図 2.8 のような孤立矩形パルス $g(t)$ と，このような矩形パルスが周期 T で現れる矩形パルス列の周波数スペクトルはどのような関係にあるかを考える（ただし，$T>\tau/2$）．孤立矩形パルスのフーリエ変換は

$$G(f)=\int_{-\tau/2}^{\tau/2}g(t)\exp(-j2\pi ft)\,dt=\frac{\sin(\pi f\tau)}{\pi f\tau} \quad (2.49)$$

となり連続である．次に周期 T の矩形パルス列を指数フーリエ級数で表すと

$$\begin{cases} g(t)=\sum_{n=-\infty}^{\infty}G_n\exp(j2\pi nf_0 t) \\ G_n=\frac{1}{T}\int_{-\tau/2}^{\tau/2}\frac{1}{\tau}\exp(-j2\pi nf_0 t)\,dt=\frac{1}{T}G(nf_0)=\frac{1}{T}\frac{\sin(\pi nf_0\tau)}{(\pi nf_0\tau)} \end{cases} \quad (2.50)$$

のようになる．つまり，周期 T の矩形パルス列は基本周波数 $1/T$ の整数倍の周波数のみに信号成分を有する離散周波数スペクトルを持つことになる．周期関数と非周期関数の周波数スペクトルの関係を図 2.9 に示す．ところで，関数 $\sin x/x$ は標本化関数（sampling function）と呼ばれ，通信理論でしばしば使われる重要な関数である．

周期関数のエネルギーは無限大であるが平均電力は有限である．周期関数の

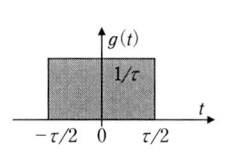

図 2.8 孤立矩形パルス波形

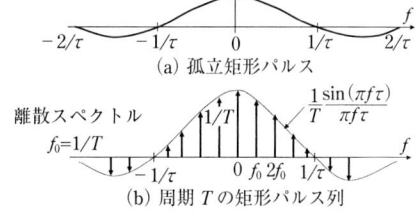

図 2.9 孤立矩形パルスと周期 T の矩形パルス列の周波数スペクトルの比較

平均電力は次式で与えられる．

$$P = \frac{1}{T}\int_{-T/2}^{T/2} g^2(t)\,dt \qquad (2.51)$$

これを周波数スペクトル密度 $G(f)$ を用いて表そう．まず

$$g^2(t) = \int_{-\infty}^{\infty}\int_{-\infty}^{\infty} G(f)\,G(f')\exp(j2\pi(f+f')t)\,df\,df' \qquad (2.52)$$

であり，これを式（2.51）に代入する．積分区間を周期 T の N 倍に拡張しても値は変わらないから

$$\lim_{N\to\infty}\frac{1}{NT}\int_{-NT/2}^{NT/2}\exp(j2\pi(f+f')t)\,dt$$

$$= \lim_{N\to\infty}\frac{\sin(\pi(f+f')NT)}{\pi(f+f')NT} = \begin{cases} 1, & f' = -f \text{ のとき} \\ 0, & \text{その他} \end{cases}$$

より

$$P = \int_{-\infty}^{\infty} G(f)\,G(-f)\,df \qquad (2.53)$$

となる．ここで式（2.42）を用いると

$$P = \int_{-\infty}^{\infty} G(f)\,G^*(f)\,df = \int_{-\infty}^{\infty} |G(f)|^2\,df \qquad (2.54)$$

となる．したがって，単位周波数あたりの電力を表す電力スペクトル密度 $P(f)$ は次式になる．

$$P(f) = |G(f)|^2 = \sum_{n=-\infty}^{\infty} |G_n|^2 \delta(f - nf_0) \qquad (2.55)$$

2.5　フーリエ変換の重要な性質

フーリエ変換に関する以下の重要な性質について述べる．
a．偶関数と奇関数
b．双対性：$g(t)$ のフーリエ変換 $G(f)$ と，$G(t)$ のフーリエ変換との関係
c．縮尺性：$g(at)$
d．1) 時間シフト：$g(t-t_0)$，　2) 周波数シフト：$g(t)\exp(j2\pi f_0 t)$
e．微分と積分：$dg(t)/dt$ と $\int_{-\infty}^{t} g(t)\,dt$
f．畳み込み積分：$\int_{-\infty}^{\infty} g_1(\tau)\,g_2(t-\tau)\,d\tau$

a. 偶関数と奇関数

偶関数と奇関数に関するフーリエ級数とフーリエ変換は次のような性質を持っている．

フーリエ級数：
- 実関数 $g(t)$ が偶関数のとき，フーリエ級数には sin の項は存在しない
- 実関数 $g(t)$ が奇関数のとき，フーリエ級数には cos の項は存在しない

フーリエ変換：
- 実関数 $g(t)$ が偶関数のとき，フーリエ変換 $G(f)$ も実関数で偶関数
- 実関数 $g(t)$ が奇関数のとき，フーリエ変換 $G(f)$ は虚関数で奇関数

b. 双対性

フーリエ変換の双対性とは次のようなことをいう．

『$g(t)$ のフーリエ変換操作を $F[g(t)] = G(f)$ のように表すものとすると，$F[G(t)] = g(-f)$ である．』

$g(t)$ のフーリエ変換を $G(f)$ とすると

$$\begin{cases} G(f) = \int_{-\infty}^{\infty} g(t)\exp(-j2\pi ft)\,dt \\ g(t) = \int_{-\infty}^{\infty} G(f)\exp(j2\pi ft)\,df \end{cases} \quad (2.56)$$

である．上式の逆フーリエ変換において，f と t を入れ替えると

$$g(f) = \int_{-\infty}^{\infty} G(t)\exp(j2\pi ft)\,dt \quad (2.57)$$

さらに，f を $-f$ に置き換えると

$$g(-f) = \int_{-\infty}^{\infty} G(t)\exp(-j2\pi ft)\,dt \quad (2.58)$$

したがって，次の関係式が得られる．

$$\begin{cases} g(-f) \\ = \int_{-\infty}^{\infty} G(t)\exp(-j2\pi ft)\,dt \\ G(t) \\ = \int_{-\infty}^{\infty} g(-f)\exp(j2\pi ft)\,df \end{cases} \quad (2.59)$$

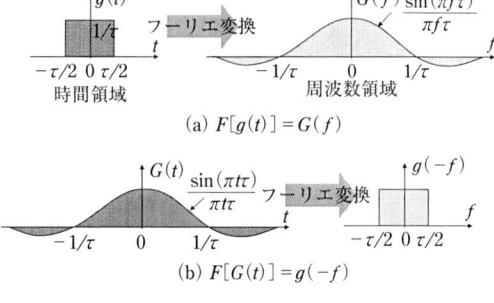

図 2.10 双対性

c. 縮尺性

フーリエ変換の縮尺性とは次のようなことをいう．

『$F[g(t)]=G(f)$ とすると，$F[\alpha g(\alpha t)]=G(f/\alpha)$ である．』

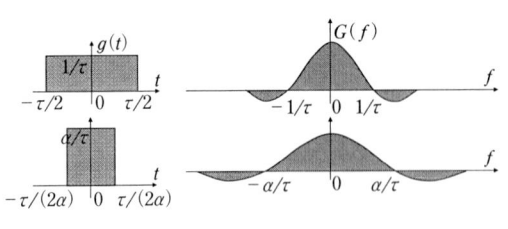

この物理的意味は次のように理解される．図 2.11 に示されるように，波形変化の速さが α 倍になれば周波数スペクトルはもとの α 倍に広がるということである．

図 2.11 縮尺性

図 2.11 のような孤立矩形パルスのフーリエ変換を考えてみよう．$\alpha g(\alpha t)$ のフーリエ変換は

$$F[\alpha g(\alpha t)]=\int_{-\tau/2\alpha}^{\tau/2\alpha}\alpha g(\alpha t)\exp(-j2\pi ft)\,dt=\frac{\sin(\pi f\tau/\alpha)}{\pi f\tau/\alpha}=G(f/\alpha) \qquad (2.60)$$

になる．なお，$\alpha g(\alpha t)$ の面積は 1 であるから，$\alpha\to\infty$ としたときの $\alpha g(\alpha t)$ の極限は単位インパルス $\delta(t)$ になる．$\alpha g(\alpha t)$ のフーリエ変換は

$$\lim_{\alpha\to\infty}F[\alpha g(\alpha t)]=\lim_{\alpha\to\infty}\frac{\sin(\pi f\tau/\alpha)}{\pi f\tau/\alpha}=1 \qquad (2.61)$$

となり，単位インパルスのフーリエ変換に一致する．

d. 時間シフトと周波数シフト

1) 時間シフト

$F[g(t)]=G(f)$ とすると，$F[g(t-t_0)]=G(f)\exp(-j2\pi ft_0)$ となる．すなわち，周波数スペクトルの位相が $2\pi ft_0$ ラジアンだけ遅れてしまう．これを図示したのが，図 2.12 である．周波数が高くなるほど位相遅れが大きくなる．

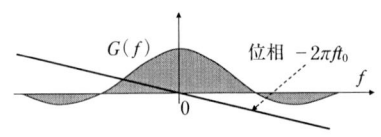 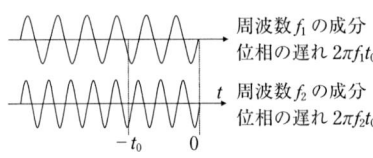

図 2.12 時間シフトによる位相遅れ　　　図 2.13 周波数の違いによる位相遅れの違い

また，この物理的意味をわかりやすく図示したのが，図 2.13 である．

2) 周波数シフト

$F[g(t)] = G(f)$ とすると，$F[g(t)\exp(j2\pi f_c t)] = G(f - f_c)$ である．数式で説明すると以下のようになる．

$$X(f) = F[g(t)\exp(j2\pi f_c t)] = \int_{-\infty}^{\infty} g(t)\exp(-j2\pi(f-f_c)t)\,dt = G(f-f_c) \tag{2.62}$$

周波数シフトは通信システムでは重要である．物理的には次のように理解できる．図 2.14 のように，信号 $g(t)$ に $\exp(j2\pi f_c t)$ を乗算すると，周波数スペクトルの中心周波数が $f_c(\mathrm{Hz})$ にシフトする．この方法は，低周波信号を高周波信号に変換するときに用いられる．これは変調といわれる．

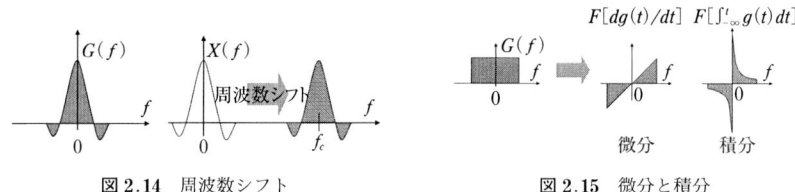

図 2.14　周波数シフト　　　　図 2.15　微分と積分

e．微分と積分

この性質の物理的意味は，図 2.15 に示すように，微分では高い周波数成分が，積分では低い周波数成分が強調されるということである．

1) 微　分

関数 $g(t)$ の時間微分のフーリエ変換を求める．

$$g(t) = \int_{-\infty}^{\infty} G(f)\exp(j2\pi ft)\,df \tag{2.63}$$

を時間微分すると

$$\frac{dg(t)}{dt} = \int_{-\infty}^{\infty} G(f)\frac{d}{dt}\exp(j2\pi ft)\,df = \int_{-\infty}^{\infty} [j2\pi f G(f)]\exp(j2\pi ft)\,df \tag{2.64}$$

となるから，次式が成り立つ．

$$F\left[\frac{dg(t)}{dt}\right] = j2\pi f G(f) \tag{2.65}$$

2) 積　分

関数 $g(t)$ の時間積分を $x(t)$ で表す．そして

$$x(t) = \int_{-\infty}^{t} g(\tau)\, d\tau \tag{2.66}$$

を時間微分すると

$$\frac{d}{dt} x(t) = g(t) \tag{2.67}$$

である．$dx(t)/dt$ のフーリエ変換は，微分の性質を用いると

$$F\left[\frac{dx(t)}{dt}\right] = j2\pi f X(f) \tag{2.68}$$

である．ここで，$X(f)$ は $x(t)$ のフーリエ変換である．

ところで，式 (2.66) より $x(t)$ の時間微分は $g(t)$ である．したがって，式 (2.68) は $g(t)$ のフーリエ変換 $G(f)$ と等しいことになるから，次式が成立する．

$$F\left[\int_{-\infty}^{t} g(t)\, dt\right] = X(f) = \frac{G(f)}{j2\pi f} \tag{2.69}$$

f．畳み込み

時間畳み込みの性質は以下のようになる．

『

$$F[g_1(t)] = G_1(f), \qquad F[g_2(t)] = G_2(f) \tag{2.70}$$

とすると

$$F[g_1(t) \otimes g_2(t)] = G_1(f) G_2(f) \tag{2.71}$$

である．ただし，$\otimes$ は畳み込みを表し

$$g_1(t) \otimes g_2(t) = \int_{-\infty}^{+\infty} g_1(\tau) g_2(t-\tau)\, d\tau \tag{2.72}$$

である．』

これを証明する．$g_1(t) \otimes g_2(t)$ のフーリエ変換は次式のようになる．

$$\begin{aligned}
F[g_1(t) \otimes g_2(t)] &= \int_{-\infty}^{\infty}\left(\int_{-\infty}^{\infty} g_1(\tau) g_2(t-\tau)\, d\tau\right)\exp(-j2\pi ft)\, dt \\
&= \int_{-\infty}^{\infty} g_1(\tau)\left(\int_{-\infty}^{\infty} g_2(t-\tau)\exp(-j2\pi ft)\, dt\right)d\tau
\end{aligned} \tag{2.73}$$

上式に時間シフトの性質を用いると，次式が成立する．

$$\begin{aligned}
F[g_1(t) \otimes g_2(t)] &= G_2(f)\int_{-\infty}^{\infty} g_1(\tau)\exp(-j2\pi f\tau)\, d\tau \\
&= G_1(f) G_2(f)
\end{aligned} \tag{2.74}$$

演 習 問 題

2.1
(1) 次のような面積1の孤立矩形パルスのフーリエ変換 $G(f)$ を求めよ．
$$g(t) = \begin{cases} 1/\tau, & |t| \leq \tau/2 \\ 0, & その他 \end{cases}$$

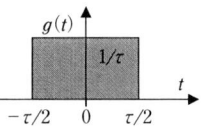

問題 2.1 孤立矩形パルス波形

(2) また，面積1を保ったままで τ を小さくすると，孤立矩形パルスは単位インパルス $\delta(t)$ に近づく．このことを利用して $\delta(t)$ のフーリエ変換 $G(f)$ を求めよ．

2.2 次のような周期 T の矩形パルス列 $g(t)$ を，三角および指数関数を用いたフーリエ級数で表せ．
$$g(t) = \sum_{n=-\infty}^{\infty} g_0(t - nT)$$

ただし

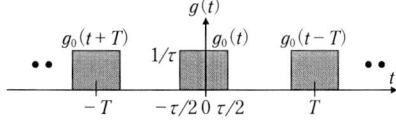

問題 2.2 周期 T の矩形パルス列

$$g_0(t) = \begin{cases} 1/\tau, & |t| < \tau/2 \\ 0, & その他 \end{cases}$$

また，この周期 T の矩形パルス列 $g(t)$ のフーリエ変換 $G(f)$ を求めよ．

2.3 次のような周期 T の単位インパルス列を三角関数および指数関数を用いたフーリエ級数で表せ．高さが $1/\tau$ で幅が τ の矩形パルス波形で τ を 0 に近づけると単位インパルス $\delta(t)$ になることを利用せよ．

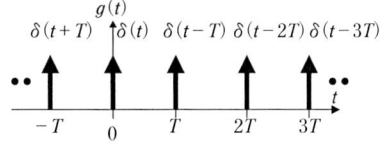

問題 2.3 周期 T の単位インパルス列

$$g(t) = \sum_{n=-\infty}^{\infty} \delta(t - nT)$$

ただし

$$\int_{-\infty}^{\infty} \delta(t) \, dt = 1$$

また，この周期インパルス列のフーリエ変換 $G(f)$ を求めよ．

2.4 次の関数 $g(t)$ を基本関数とする周期 T の周期関数を，三角関数および指数関数を用いたフーリエ級数で表せ．

$$g(t) = \begin{cases} 2t/T, & |t| < T/2 \quad (1) \\ 1 - 2|t|/T, & |t| < T/2 \quad (2) \\ \cos(\pi t/T), & |t| < T/2 \quad (3) \\ |\sin(2\pi t/T)|, & |t| < T/2 \quad (4) \end{cases}$$

3 線形システムにおける信号伝送とひずみ

3.1 線形システム

次のような加法定理が成立するのが線形システムである．

『入力 $x_1(t)$ のとき出力 $y_1(t)$，入力 $x_2(t)$ のとき出力 $y_2(t)$ であれば，入力 $ax_1(t)+bx_2(t)$ のとき出力 $ay_1(t)+by_2(t)$ となる．』

これを図 3.1 に示す．

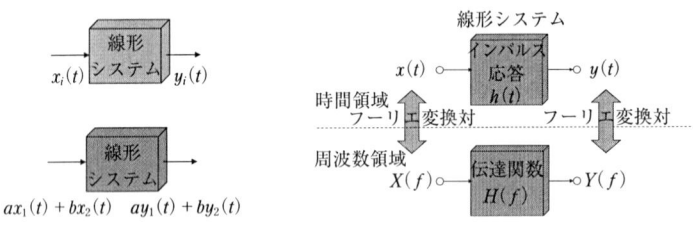

図 3.1 線形システム

図 3.2 線形システムの時間領域表現と周波数領域表現

a．伝達関数とインパルス応答

線形システムを周波数領域で表現するのが伝達関数 $H(f)$ である．図 3.2 のように，入力が $x(t)$ で出力が $y(t)$ であるとき，両者のフーリエ変換をそれぞれ，$X(f)$ と $Y(f)$ とする．伝達関数 $H(f)$ は次式で定義される．

$$H(f) = \frac{Y(f)}{X(f)} \tag{3.1}$$

一方，線形システムの時間領域表現がインパルス応答 $h(t)$ である．入力 $x(t)$ がインパルス関数（デルタ関数）$\delta(t)$ であるときの出力 $y(t)$ がインパルス応答 $h(t)$ である．

図 3.3 のような面積 1 の孤立矩形パルス $x(t)$ を考える．$x(t)$ は次式で与

えられる．

$$x(t) = \begin{cases} 1/\tau, & |t| \leq \tau/2 \text{ のとき} \\ 0, & \text{その他} \end{cases} \quad (3.2)$$

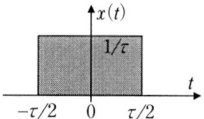

図 3.3 孤立矩形パルス

パルスの幅 τ を無限小とするとインパルス関数 $\delta(t)$ になる．$\tau \to 0$ としたときの $x(t)$ は

$$\delta(t) = \lim_{\tau \to 0} x(t) = \begin{cases} \infty, & t = 0 \text{ のとき} \\ 0, & \text{その他} \end{cases} \quad (3.3)$$

となって，$t=0$ で無限大の値を持つが，面積は 1 である．すなわち

$$\int_{-\infty}^{\infty} \delta(t)\,dt = 1 \quad (3.4)$$

式 (3.2) のフーリエ変換は

$$X(f) = \int_{-\infty}^{\infty} x(t) \exp(-j2\pi ft)\,dt = \frac{\sin(\pi f \tau)}{\pi f \tau} \quad (3.5)$$

となるから，インパルス関数のフーリエ変換は次式のようになる．

$$X(f) = \lim_{\tau \to 0} \frac{\sin(\pi f \tau)}{\pi f \tau} = 1 \quad (3.6)$$

すなわち，周波数スペクトル密度は連続で，全ての周波数点の振幅が 1 で，位相がそろっている．以上から，インパルス関数に関して次のフーリエ変換対の関係が得られる．

$$\begin{cases} X(f) = \int_{-\infty}^{\infty} \delta(t) \exp(-j2\pi ft)\,dt = 1 \\ \delta(t) = \int_{-\infty}^{\infty} \exp(j2\pi ft)\,df \end{cases} \quad (3.7)$$

これを図 3.4 に示す．なお，矩形パルス幅 τ の変化につれて周波数スペクトル密度がどのように変化するか示したのが図 3.5 である．

入力 $x(t)$ がインパルス関数 $\delta(t)$ であるとき，式 (3.6) より $X(f)=1$ であり，全ての周波数が 1 に等しい．このときの出力応答 $y(t)$ のフーリエ変換 $Y(f)$ は，式 (3.1) より $Y(f) = X(f)H(f) = H(f)$ となる．この関係を示したのが図 3.6 である．したがって，伝達関数 $H(f)$ はインパルス応答 $h(t)$ のフーリエ変換であることがわかる．すなわち，伝達関数 $H(f)$ とインパルス応答 $h(t)$ とは，次式のようなフーリエ変換対の関係にある．

$$\begin{cases} h(t) = \int_{-\infty}^{\infty} H(f)\exp(j2\pi ft)\,df \\ H(f) = \int_{-\infty}^{\infty} h(t)\exp(-j2\pi ft)\,dt \end{cases} \quad (3.8)$$

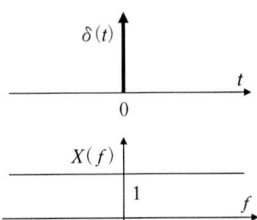

図 3.4 インパルス関数とその周波数スペクトル密度

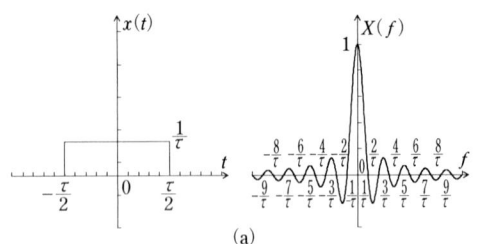

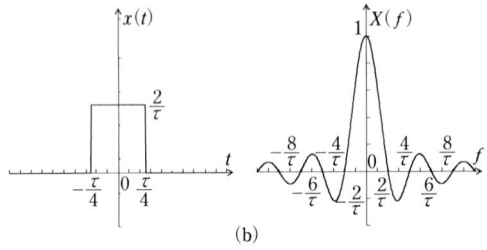

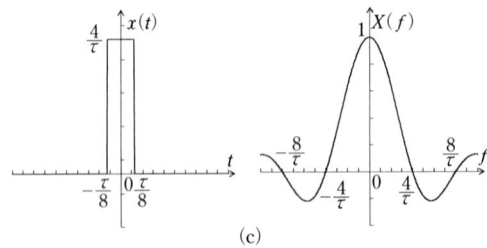

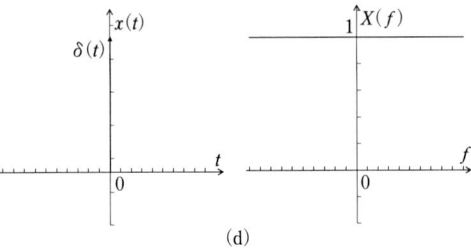

図 3.5 矩形パルスと周波数スペクトル密度

図 3.6 線形システムのインパルス応答と伝達関数

b. 線形システムの応答

線形システムのインパルス応答 $h(t)$ が与えられたときの，任意入力 $x(t)$ に対する応答 $y(t)$ を求める．$x(t)$ のフーリエ変換を $X(f)$ とする．$Y(f) = X(f)H(f)$ であるから

$$\begin{aligned}
y(t) &= \int_{-\infty}^{\infty} Y(f) \exp(j2\pi ft) \, df = \int_{-\infty}^{\infty} X(f) H(f) \exp(j2\pi ft) \, df \\
&= \int_{-\infty}^{\infty} h(\tau) \left(\int_{-\infty}^{\infty} X(f) \exp(j2\pi f(t-\tau)) \, df \right) d\tau \\
&= \int_{-\infty}^{\infty} x(t-\tau) h(\tau) \, d\tau = x(t) \otimes h(t)
\end{aligned} \tag{3.9}$$

すなわち，線形システムの応答は $x(t)$ とインパルス応答 $h(t)$ との畳み込みである．

畳み込みを物理的に理解するために図示したのが図 3.7 である．時刻 $t-\tau$ に面積 $x(t-\tau)$ を持つインパルスが入力されたとしよう．それに対する応答は $x(t-\tau)h(\tau)$ となる．ところが実際の入力は τ に関して連続である．したがって，時刻 t の出力 $y(t)$ は，$x(t-\tau)h(\tau)$ を τ に関して $-\infty$ から ∞ まで積分したものとなるのである．

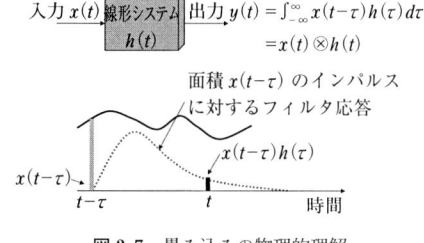

図 3.7 畳み込みの物理的理解

3.2 線形システムの濾波特性

フーリエ変換で理解したように信号はさまざまな周波数成分の線形和である．希望しない周波数成分を除去したり，ある周波数成分を強調したりあるいは減衰させたりするように，線形システムの伝達関数 $H(f)$ を選ぶことができる．このような線形システムを濾波器（フィルタ）という．フィルタには，図 3.8 のように低域通過フィルタ，高域通過フィルタと帯域通過フィルタとがある．

フィルタ出力信号 $y(t)$ の形状が入力信号 $x(t)$ のそれと異なるとき，ひずみが生じているという．無ひずみとは，入力と出力に次の関係があるときをいう．

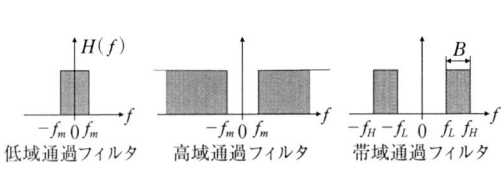
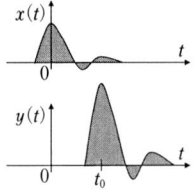

図 3.8 低域，高域と帯域通過フィルタ

図 3.9 無ひずみのときの入出力の関係

$$y(t)=k\cdot x(t-t_0) \qquad (3.10)$$

ここで，k は任意の係数である．これを図示したのが図 3.9 である．無ひずみのための条件を求める．式 (3.10) より

$$Y(f)=\int_{-\infty}^{\infty}y(t)\exp(-j2\pi ft)\,dt=k\int_{-\infty}^{\infty}x(t-t_0)\exp(-j2\pi ft)\,dt$$
$$=k\cdot X(f)\exp(-j2\pi ft_0) \qquad (3.11)$$

であることから，無ひずみとなるための伝達関数 $H(f)$ の条件は

$$H(f)=\frac{Y(f)}{X(f)}=k\exp(-j2\pi ft_0) \qquad (3.12)$$

すなわち，伝達関数 $H(f)$ の振幅は全周波数で一定値 k で，位相は周波数に比例し $-2\pi ft_0$ ラジアンである．

a. 理想低域通過フィルタ

理想低域通過フィルタでは f_m 以上の周波数成分を通過させない．その伝達関数 $H_{\mathrm{LPF}}(f)$ とそのインパルス応答 $h_{\mathrm{LPF}}(t)$ を求める．$H_{\mathrm{LPF}}(f)$ は，無ひずみ条件より

$$H_{\mathrm{LPF}}(f)=\begin{cases}\exp(-j2\pi ft_0), & |f|\leq f_m \text{ のとき} \\ 0, & \text{その他}\end{cases} \qquad (3.13)$$

である．ただし，$k=1$ とした．$h_{\mathrm{LPF}}(t)$ は $H_{\mathrm{LPF}}(f)$ の逆フーリエ変換であるから

$$h_{\mathrm{LPF}}(t)=\int_{-\infty}^{\infty}H_{\mathrm{LPF}}(f)\exp(j2\pi ft)\,df=2f_m\frac{\sin(2\pi f_m(t-t_0))}{2\pi f_m(t-t_0)} \qquad (3.14)$$

となる．これを図示したのが図 3.10 である．

理想低域通過フィルタは実現できるフィルタか？ 実際のインパルス応答 $h_{\mathrm{LPF}}(t)$ は，インパルスが入力される以前の $t<0$ では $h_{\mathrm{LPF}}(t)=0$ であるはずであるから，図 3.11 のようになる．しかし，図 3.10 をみると，理想低域通過

3.2 線形システムの濾波特性

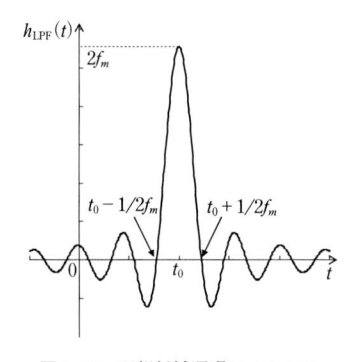

図 3.10 理想低域通過フィルタの
インパルス応答

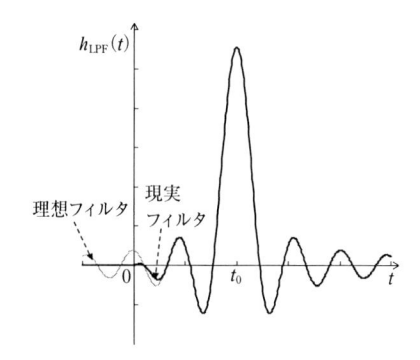

図 3.11 理想低域通過フィルタと
現実のフィルタ

フィルタでは $t=-\infty$ から応答が始まっていることがわかる．このことは，理想フィルタは実現できないことを意味している．ところで，時刻 $t=0$ の出力 $h_{\mathrm{LPF}}(0)$ は，式 (3.14) より

$$h_{\mathrm{LPF}}(0) = 2f_m \frac{\sin(2\pi f_m t_0)}{2\pi f_m t_0} \tag{3.15}$$

となる．遅延時間 t_0 が充分大きければ $t<0$ での $h_{\mathrm{LPF}}(t)$ は小さくなり零に近似できる．したがって，t_0 を充分大きくすれば理想に近い低域通過フィルタを実現することができる．

b. 理想帯域通過フィルタ

周波数が f_L から f_H までの成分のみを通過させ，かつ無ひずみ条件を満たすのが理想帯域通過フィルタである．伝達関数は

$$H_{\mathrm{BPF}}(f) = \begin{cases} \exp(-j2\pi f t_0), & f_L \leq |f| \leq f_H \text{ のとき} \\ 0, & \text{その他} \end{cases} \tag{3.16}$$

であり，インパルス応答は

$$\begin{aligned} h_{\mathrm{BPF}}(t) &= \int_{-\infty}^{\infty} H_{\mathrm{BPF}}(f) \exp(j2\pi f t)\, df \\ &= 2\int_{f_L}^{f_H} \cos(2\pi f(t-t_0))\, df \end{aligned}$$

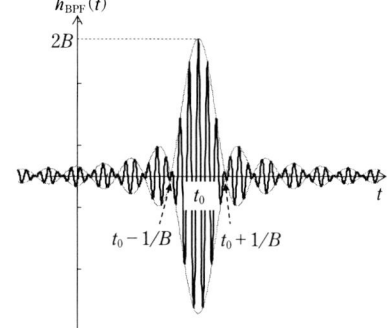

図 3.12 理想帯域通過フィルタの
インパルス応答

$$= \left\{ 2B \frac{\sin(\pi B(t-t_0))}{\pi B(t-t_0)} \right\} \cos(2\pi f_c(t-t_0)) \qquad (3.17)$$

となる．ただし，$B=f_H-f_L$，$f_c=(f_H+f_L)/2$ である．インパルス応答波形 $h_{\mathrm{BPF}}(t)$ を図 3.12 に示す．

3.3 複数のフィルタの縦続接続

図 3.13 のように複数のフィルタを縦続に接続したときの総合の伝達関数は，各フィルタの伝達関数の積になる．インパルス応答は伝達関数のフーリエ変換であることから，総合のインパルス応答 $h(t)$ は，各フィルタのインパルス応答の畳み込みになる．すなわち

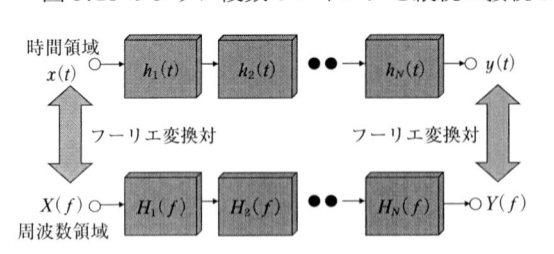

図 3.13 複数のフィルタの縦続接続

$$\begin{cases} H(f) = H_1(f)\,H_2(f)\cdots H_N(f) \\ h(t) = h_1(t)\otimes h_2(t)\otimes\cdots\otimes h_N(t) \end{cases} \qquad (3.18)$$

3.4 フィルタ応答のエネルギースペクトル密度

線形システムへの入力が $x(t)$ でその出力が $y(t)$ とする．線形システムへの入力 $x(t)$ のエネルギーが有限であるとき，応答 $y(t)$ のエネルギーとその周波数成分（すなわちエネルギースペクトル密度）はどのように表せるだろうか？

$x(t)$ と $y(t)$ のエネルギーは次式のように定義される．

$$E_x = \int_{-\infty}^{\infty} x^2(t)\,dt, \qquad E_y = \int_{-\infty}^{\infty} y^2(t)\,dt \qquad (3.19)$$

まず，フィルタ入力 $x(t)$ のエネルギースペクトル密度を求める．$x(t)$ のフーリエ変換を $X(f)$ とする．すなわち

$$X(f) = \int_{-\infty}^{\infty} x(t)\exp(-j2\pi ft)\,dt \qquad (3.20)$$

これを用いて，$x(t)$ のエネルギー E_x を表すと

$$E_x = \int_{-\infty}^{\infty} x^2(t)\,dt = \int_{-\infty}^{\infty} X(f) \left(\int_{-\infty}^{\infty} x(t) e^{-j2\pi ft} dt \right)^* df = \int_{-\infty}^{\infty} X(f) X^*(f)\,df$$

$$= \int_{-\infty}^{\infty} |X(f)|^2 df \tag{3.21}$$

すなわち，$x(t)$ のエネルギー E_x は $|X(f)|^2$ を全周波数にわたって積分したものになる．このことから

$$\varepsilon_x(f) = |X(f)|^2 \tag{3.22}$$

が，$x(t)$ のエネルギースペクトル密度である．

さて，$|Y(f)|^2$ を全周波数にわたって積分すればフィルタ応答 $y(t)$ のエネルギー E_y になる．すなわち

$$E_y = \int_{-\infty}^{\infty} y^2(t)\,dt = \int_{-\infty}^{\infty} |Y(f)|^2 df \tag{3.23}$$

である．上式に $Y(f) = X(f)H(f)$ を代入すれば

$$E_y = \int_{-\infty}^{\infty} |X(f)|^2 |H(f)|^2 df \tag{3.24}$$

が得られる．このことから，フィルタ応答 $y(t)$ のエネルギースペクトル密度 $\varepsilon_y(f)$ は次式で与えられる．

$$\varepsilon_y(f) = |X(f)|^2 |H(f)|^2 = \varepsilon_x(f) |H(f)|^2 \tag{3.25}$$

3.5 フィルタ応答の電力スペクトル密度

フィルタ入力信号 $x(t)$ が周期 T の周期関数であり全時間区間で存在するとき，そのエネルギーは無限大となる．そこで，単位時間あたりのエネルギーである平均電力を考える．信号 $x(t)$ が周期関数でない場合については第4章で扱う．

a．フィルタ入力

周期 T の周期関数 $x(t)$ の平均電力 P_x は

$$P_x = \frac{1}{T} \int_{-T/2}^{T/2} x^2(t)\,dt \tag{3.26}$$

である．ところで，$x(t)$ のフーリエ変換 $X(f)$ を用いて $x^2(t)$ を表すと

$$x^2(t) = \int_{-\infty}^{\infty} \int_{-\infty}^{\infty} X(f) X(f') \exp(j2\pi(f+f')t)\,df df' \tag{3.27}$$

である．2.4節と同様にして

$$P_x = \int_{-\infty}^{\infty}\int_{-\infty}^{\infty} X(f)\,X(f')\left(\lim_{N\to\infty}\frac{1}{NT}\int_{-NT/2}^{NT/2}\exp(j2\pi(f+f')\,t)\,dt\right)df\,df'$$

$$= \int_{-\infty}^{\infty}\int_{-\infty}^{\infty} X(f)\,X(f')\,\delta(f+f')\,df\,df'$$

$$= \int_{-\infty}^{\infty} X(f)\,X(-f)\,df = \int_{-\infty}^{\infty}|X(f)|^2\,df \tag{3.28}$$

となる．これより，単位周波数あたりの電力を表す電力スペクトル密度 $P_x(f)$ は，周期関数 $x(t)$ のフーリエ変換 $X(f)$ を用いて次式のように表せる．

$$P_x(f) = |X(f)|^2 \tag{3.29}$$

ところで，周期 T の周期関数 $x(t)$ はフーリエ級数で表せて，第2章の式 (2.24) より

$$\begin{cases} x(t) = \sum_{n=-\infty}^{\infty} X_n \exp(j2\pi(n/T)\,t) \\ X_n = \dfrac{1}{T}\int_{-T/2}^{T/2} x(t)\exp(-j2\pi(n/T)\,t)\,dt \end{cases} \tag{3.30}$$

となる．$X(f)$ は

$$X(f) = \int_{-\infty}^{\infty} x(t)\exp(-j2\pi ft)\,dt = \sum_{n=-\infty}^{\infty}\int_{-\infty}^{\infty} X_n\exp(-j2\pi(f-n/T)\,t)\,dt$$

$$= \sum_{n=-\infty}^{\infty} X_n\,\delta(f-n/T) \tag{3.31}$$

である．上式より，電力スペクトル密度 $P_x(f)$ は次式のように表せることになる．

$$P_x(f) = \sum_{n=-\infty}^{\infty} |X_n|^2\,\delta(f-n/T) \tag{3.32}$$

b．フィルタ応答

フィルタ応答 $y(t)$ の平均電力 P_y は

$$P_y = \frac{1}{T}\int_{-T/2}^{T/2} y^2(t)\,dt \tag{3.33}$$

である．ところで

$$y(t) = x(t)\otimes h(t) = \int_{-\infty}^{\infty} X(f)\,H(f)\exp(j2\pi ft)\,df \tag{3.34}$$

であるから

$$P_y = \int_{-\infty}^{\infty}|X(f)\,H(f)|^2\,df = \int_{-\infty}^{\infty} P_x(f)\,|H(f)|^2\,df \tag{3.35}$$

となる．したがって，フィルタ応答の電力スペクトル密度 $P_y(f)$ は次式で表

せる．

$$P_y(f) = P_x(f)|H(f)|^2 = \sum_{n=-\infty}^{\infty} |H(n/T)|^2 |X_n|^2 \delta(f-n/T) \quad (3.36)$$

演 習 問 題

3.1 次の関数 $g(t)$ を基本関数とする周期 T の周期関数を考える．

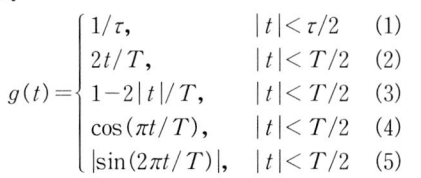

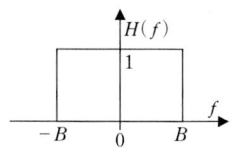

$$g(t) = \begin{cases} 1/\tau, & |t| < \tau/2 \quad (1) \\ 2t/T, & |t| < T/2 \quad (2) \\ 1-2|t|/T, & |t| < T/2 \quad (3) \\ \cos(\pi t/T), & |t| < T/2 \quad (4) \\ |\sin(2\pi t/T)|, & |t| < T/2 \quad (5) \end{cases}$$

問題3.1 理想低域通過フィルタ

次式のような伝達関数 $H(f)$ を持つ理想低域通過フィルタに $g(t)$ を入力したときの出力 $y(t)$ を求めよ．ただし，$1/T < B < 2/T$ とせよ．

$$H(f) = \begin{cases} 1, & |f| \leq B \\ 0, & \text{その他} \end{cases}$$

3.2
(1) 次のようなインパルス応答 $h(t)$ を持つフィルタの伝達関数 $H(f)$ を求めよ．

$$h(t) = \begin{cases} 1, & 0 < t < T \text{ のとき} \\ 0, & \text{その他} \end{cases}$$

(2) 上記のフィルタを2つ縦続接続した．このときの伝達関数 $H'(f)$ を求めよ．次にこのフィルタに $x(t) = A\delta(t)$ を入力したときの応答 $y(t)$ とそのエネルギースペクトル密度 $\varepsilon(f)$ を求めよ．必要ならば次の公式を使ってよい（森口，宇田川，一松：数学公式 I，岩波書店）．

$$\int_0^\infty \left(\frac{\sin x}{x}\right)^2 \cos(\alpha x)\,dx = \begin{cases} \pi(2-|\alpha|)/4, & |\alpha| < 2 \text{ のとき} \\ 0, & \text{その他} \end{cases}$$

3.3 入力 $x(t)$ を時間 T にわたり積分する積分フィルタがある．この積分フィルタの出力 $y(t)$ は次式で表される．

$$y(t) = \int_{t-T}^{t} x(t')\,dt'$$

この積分フィルタの伝達関数 $H(f)$ を求めよ．

（ヒント）積分フィルタ入力が単位インパルス $x(t) = \delta(t)$ であるときの出力 $y(t)$ が積分フィルタのインパルス応答 $h(t)$ である．$h(t)$ のフーリエ変換が $H(f)$ である．

4 雑音の統計的性質

　第1章の通信システムのモデルで示したように，情報源から発せられたメッセージを送信機から送信する．送信信号は通信路を通って受信機で受信されるが，このとき雑音が加わる．受信信号の品質を決定する大事な指標は信号対雑音電力比（S/N）である．S/Nを最大とするように通信システムを設計しなければならない．このためには雑音の性質を正しく理解することが重要である．

　雑音は不規則であるから統計的な取り扱いが必要である．第4章では雑音の統計的性質について学ぶ．

4.1 通信システムと雑音

　信号伝送の途中で不要な信号，すなわち雑音が混入する．雑音があると，信号を正しく相手側に送ることができなくなる．通信方式はこれら雑音に対抗して正しく信号を送るための技術である．雑音は不規則で全く予測できない．雑音源には，人工雑音（車の点火装置，電子レンジやコンピュータなど電気・電子製品，蛍光灯などから発生する雑音），自然界の雑音（稲妻，太陽風による磁気嵐，宇宙雑音など）や物理系の揺らぎ雑音（抵抗体から発生する熱雑音や，半導体素子や電子管で発生するショット雑音など）がある．

4.2 決定論的信号と不規則信号

　時間的に一義的に決定できる信号を決定論的信号と呼び，これまでそれらの周波数領域での表現であるフーリエ級数やフーリエ変換，そして電力スペクトル密度やエネルギースペクトル密度について述べてきた．ところが，雑音では，一定時間後の値を一義的に決定できない．これを不規則信号という．この

ような不規則信号は確率現象としてしか扱えない．このような時間的に変化する確率事象を確率過程（stochastic process）と呼び，確率過程から生成される関数 $x_n(t)$ を標本関数（sample function），それらの集合 $\{x_n(t) ; n=1, 2, 3, \cdots\}$ を確率集合（ensemble）と呼ぶ．また，離散的な時刻における標本値の系列を時系列（time sequence）と呼んでいる．不規則信号を定量的に表現する上で重要な統計量は，確率密度関数（probability density function）と確率分布関数（probability distribution function）である．不規則信号の平均値や分散などは確率密度関数を用いて求めることができる．

通信方式を理解する上で重要な，雑音の確率密度関数，そして自己相関関数と電力スペクトル密度との関係，帯域通過雑音の表現について学ぶ．

4.3 確率密度関数と確率分布関数

同じように作られた多数の雑音発生器から出力される標本関数の集合を観測してみよう．図 4.1 のように，時刻 t' における標本値 $x_n(t')$, $n=1, 2, 3, \cdots, N$, を求めてみる．区間 $[x-\Delta x/2, x+\Delta x/2]$ に入る標本値の個数と標本の総数 N との比を求める．これは，標本値が区間 $[x-\Delta x/2, x+\Delta x/2]$ に入る確率 $P\{x-\Delta x/2 \leq x' < x+\Delta x/2\}$ である．この確率を区間幅 Δx で除し，Δx を小さくしていくとある値に近づく．これが確率密度関数 $p(x)$ である．すなわち

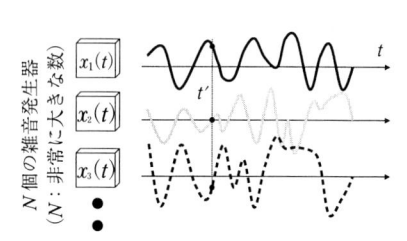

図 4.1 多数の雑音発生器から出力される雑音の標本関数

$$\begin{cases} P\{x-\Delta x/2 \leq x' < x+\Delta x/2\} = \dfrac{\text{区間}\ [x-\Delta x/2,\ x+\Delta x/2]\ \text{に入る個数}}{N} \\ p(x) = \lim_{\Delta x \to 0} \dfrac{P\{x-\Delta x/2 \leq x' < x+\Delta x/2\}}{\Delta x} \end{cases}$$

(4.1)

一方，x 以下の値になる事象が発生する確率を確率分布関数と呼ぶ．すなわち

$$P(x) = \int_{-\infty}^{x} p(x)\, dx \qquad (4.2)$$

である．ただし

$$\begin{cases} P(\infty) = \int_{-\infty}^{\infty} p(x)\,dx = 1, \\ P(-\infty) = 0 \end{cases}$$

確率密度関数と確率分布関数とは次の関係にある．

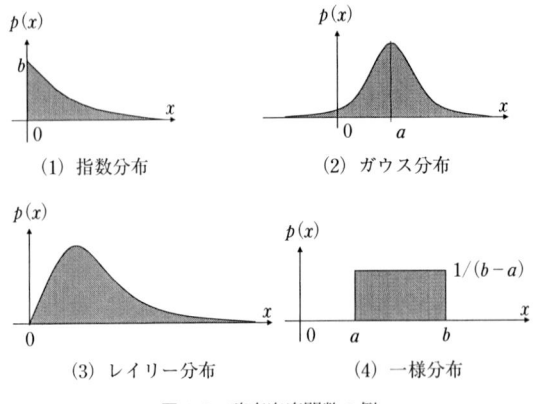

$$p(x) = \frac{d}{dx} P(x) \qquad (4.3)$$

通信システムの設計にあたって頻繁に使われる確率密度関数および確率分布関数の例をいくつか以下に示す．図 4.2 に確率密度関数を図示する．

図 4.2 確率密度関数の例
(1) 指数分布　(2) ガウス分布　(3) レイリー分布　(4) 一様分布

（1） 指数分布

$$\begin{cases} p(x) = b\exp(-bx), & x \geq 0 \\ P(x) = \int_{-\infty}^{x} p(x)\,dx = 1 - \exp(-bx), & x \geq 0 \end{cases} \qquad (4.4)$$

（2） ガウス分布

$$\begin{cases} p(x) = \dfrac{1}{\sqrt{2\pi}\,\sigma} \exp\left[\dfrac{-(x-a)^2}{2\sigma^2}\right], & -\infty < x < \infty \\ P(x) = \dfrac{1}{2} \mathrm{erf}\left[\dfrac{x-a}{\sqrt{2}\sigma}\right] = \dfrac{1}{2}\left\{1 - \mathrm{erfc}\left[\dfrac{x-a}{\sqrt{2}\sigma}\right]\right\}, & -\infty < x < \infty \\ P(a) = 0.5 \end{cases}$$

$$(4.5)$$

ここで，$\mathrm{erfc}(t) = 1 - \mathrm{erf}(t) = (2/\sqrt{\pi}) \int_t^{\infty} \exp(-y^2)\,dy$ は誤差補関数である．

（3） レイリー分布

$$\begin{cases} p(x) = \dfrac{2x}{b} \exp\left[\dfrac{-x^2}{b^2}\right], & 0 \leq x < \infty \\ P(x) = 1 - \exp\left[\dfrac{-x^2}{b^2}\right], & 0 \leq x < \infty \end{cases} \qquad (4.6)$$

（4） 一様分布

$$\begin{cases} p(x) = \dfrac{1}{b-a}, & a \leq x \leq b \\ P(x) = \begin{cases} 0, & x < a \\ \dfrac{x-a}{b-a}, & a \leq x \leq b \\ 1, & b < x \end{cases} \end{cases} \quad (4.7)$$

4.4 平均値と分散

不規則信号 $x(t)$ の確率密度関数がわかれば，平均値と分散が計算できる．ガウス分布の場合について平均（期待値）を求めてみよう．確率密度関数が与えられたときの期待値と分散は次式で計算できる．

$$\begin{cases} E[x] = \int_{-\infty}^{\infty} x p(x) \, dx \\ E[(x - E[x])^2] = \int_{-\infty}^{\infty} (x - E[x])^2 p(x) \, dx \end{cases} \quad (4.8)$$

さて，ガウス分布のときの確率密度関数は

$$p(x) = \dfrac{1}{\sqrt{2\pi}\,\sigma} \exp\left(-\dfrac{(x-a)^2}{2\sigma^2}\right), \quad -\infty < x < \infty \quad (4.9)$$

であるから，$t = (x-a)/\sigma$ とおいて期待値を求めると

$$\begin{aligned} E[x] &= \int_{-\infty}^{\infty} x \dfrac{1}{\sqrt{2\pi}\,\sigma} \exp\left(-\dfrac{(x-a)^2}{2\sigma^2}\right) dx \\ &= \sigma \int_{-\infty}^{\infty} t \dfrac{1}{\sqrt{2\pi}} \exp\left(-\dfrac{t^2}{2}\right) dt + a \int_{-\infty}^{\infty} \dfrac{1}{\sqrt{2\pi}} \exp\left(-\dfrac{t^2}{2}\right) dt \\ &= a \end{aligned} \quad (4.10)$$

となる．次に，分散は

$$E[(x - E[x])^2] = E[x^2] - E^2[x] = E[x^2] - a^2 \quad (4.11)$$

である．ここで，$t = (x-a)/\sigma$ とおいて $E[x^2]$ を計算すると

$$\begin{aligned} E[x^2] &= \int_{-\infty}^{\infty} x^2 \dfrac{1}{\sqrt{2\pi}\,\sigma} \exp\left(-\dfrac{(x-a)^2}{2\sigma^2}\right) dx \\ &= \sigma^2 + a^2 \end{aligned} \quad (4.12)$$

となるから，分散は次式のようになる．

$$E[(x - E[x])^2] = \sigma^2 \quad (4.13)$$

4.5 定常性と自己相関関数

a. 定常性

時刻 t_1 と時刻 t_2 で観測した不規則信号 $x(t)$ の確率密度関数が等しい，すなわち確率密度関数が観測時刻に依存しないとき，狭義の定常過程 (stationary process in the strict sense) であるという．つまり

$$p(x(t_1))=p(x(t_2)) \tag{4.14}$$

である．したがって，平均および分散があらゆる時刻でそれぞれ等しい．一方，時刻 t とそれから一定時間だけ過ぎた時刻 $t+\tau$ で観測した不規則信号 $x(t)$ の結合確率密度関数もあらゆる時刻 t で等しい．すなわち

$$p(x(t_1),\, x(t_1+\tau))=p(x(t_2),\, x(t_2+\tau)) \tag{4.15}$$

b. 自己相関関数

自己相関関数は時刻 t で観測した標本と時刻 $t+\tau$ で観測した標本との積の期待値であり，不規則信号の規則性を知る目安となる．狭義の定常過程の確率密度関数は観測時間に依存しないから，期待値も観測時間に依存しない．また，自己相関関数 $R_{xx}(\tau)$ は τ だけの関数となる．つまり

$$E[x(f)]=E[x(t+\tau)]$$
$$R_{xx}(\tau)=E[x(t)x(t+\tau)]$$
$$=\int_{-\infty}^{\infty}\int_{-\infty}^{\infty}x(t)x(t+\tau)p(x(t),\,x(t+\tau))\,dx(t)\,dx(t+\tau) \tag{4.16}$$

期待値と自己相関関数が式 (4.16) のように観測時間に依存しないような定常過程は広義の定常過程 (stationary process in the wide sense) といわれる．広義の定常過程は必ずしも狭義の定常過程ではないが，逆は必ず成立する．

自己相関関数には次の性質がある．

$$R_{xx}(-\tau)=E[x(t)x(t-\tau)]=E[x(t-\tau)x(t)] \tag{4.17}$$

であるが，$t'=t-\tau$ とおくと

$$R_{xx}(-\tau)=E[x(t')x(t'+\tau)]=R_{xx}(\tau) \tag{4.18}$$

すなわち，偶関数である．また，$R_{xx}(0)$ は定常過程の平均電力であり

$$R_{xx}(0)=E[x(t)x(t)]=E[x^2(t)] \tag{4.19}$$

である．雑音などほとんどの確率過程では $R_{xx}(\tau)$ は τ が大きくなるにつれて 0 に近づくという性質がある．

c． エルゴード過程

雑音などの不規則定常過程では期待値と時間平均とが一致する．このような定常過程をエルゴード過程（ergodic process）と呼んでいる．期待値を求めるより時間平均を求めるほうがはるかに容易な場合が多い．標本関数のひとつを長時間観測すれば，集合全体の統計的性質を知ることができるからである．期待値 $E[x]$ および自己相関関数 $R_{xx}(\tau)$ は次のように求めることができる．

$$\begin{cases} E[x(t)] = \lim_{T \to \infty} \dfrac{1}{T} \int_{-T/2}^{T/2} x(t)\,dt \\ R_{xx}(\tau) = E[x(t)x(t+\tau)] = \lim_{T \to \infty} \dfrac{1}{T} \int_{-T/2}^{T/2} x(t)x(t+\tau)\,dt \end{cases} \quad (4.20)$$

また，自己相関関数の $\tau = 0$ における値

$$R_{xx}(0) = E[x^2(t)] = \lim_{T \to \infty} \frac{1}{T} \int_{-T/2}^{T/2} x^2(t)\,dt \quad (4.21)$$

は平均電力である．

4.6　不規則信号の電力スペクトル密度

決定論的信号では，時間関数の周波数領域での表現としてフーリエ変換が存在すること，電力スペクトル密度が存在することを述べた．不規則信号の場合，その統計的性質は確率密度関数や自己相関関数によって表現できる．それでは，不規則信号の電力スペクトル密度はどのように表すことができるだろうか？

図 4.3 のように，無限に続く不規則信号 $x(t)$ から区間 $[-T/2, T/2]$ だけを切り出したものを $x_T(t)$ とする．区間 $[-T/2, T/2]$ の平均電力を $P_{x,T}$ とすると

$$P_{x,T} = \frac{1}{T} \int_{-T/2}^{T/2} x^2(t)\,dt = \frac{1}{T} \int_{-\infty}^{\infty} x_T^2(t)\,dt \quad (4.22)$$

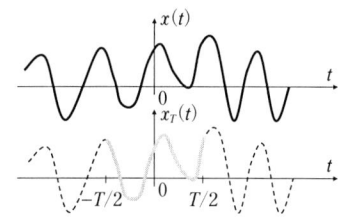

図 4.3　不規則信号の部分時間区間波形の切り出し

ただし

$$x_T(t) = \begin{cases} x(t), & |t| \leq T/2 \\ 0, & |t| > T/2 \end{cases} \quad (4.23)$$

$T \to \infty$ とすれば，不規則信号 $x(t)$ の区間 $[-T/2, T/2]$ の平均電力 $P_{x,T}$ は $x(t)$ の平均電力 P_x に近づく．このことを利用すれば，フーリエ変換を使って $x(t)$ の電力スペクトル密度 $P_x(f)$ を求めることができる．$x_T(t)$ のフーリエ変換を

$$X_T(f) = \int_{-\infty}^{\infty} x_T(t) \exp(-j2\pi ft)\, dt \quad (4.24)$$

とすると

$$P_{x,T} = \frac{1}{T} \int_{-\infty}^{\infty} x_T(t) \left(\int_{-\infty}^{\infty} X_T(f) \exp(j2\pi ft)\, df \right) dt$$

$$= \frac{1}{T} \int_{-\infty}^{\infty} |X_T(f)|^2\, df \quad (4.25)$$

$T \to \infty$ としたときの $P_{x,T}$ の極限が，不規則信号 $x(t)$ の平均電力 P_x になる．すなわち

$$P_x = \lim_{T \to \infty} P_{x,T} = \int_{-\infty}^{\infty} \left(\lim_{T \to \infty} \frac{1}{T} |X_T(f)|^2 \right) df \quad (4.26)$$

そこで

$$P_x(f) = \lim_{T \to \infty} \frac{1}{T} |X_T(f)|^2 \quad (4.27)$$

とおけば，これを全周波数について積分したものが電力になる．すなわち，$P_x(f)$ は $x(t)$ の電力スペクトル密度である．

電力スペクトル密度の表現式 (4.27) を変形する．

$$P_x(f) = \lim_{T \to \infty} \frac{1}{T} |X_T(f)|^2$$

$$= \lim_{T \to \infty} \frac{1}{T} \left(\int_{-\infty}^{\infty} x_T(t') \exp(-j2\pi ft')\, dx \right) \left(\int_{-\infty}^{\infty} x_T(t) \exp(-j2\pi ft)\, dt \right)^* \quad (4.28)$$

ここで，$t' = t + \tau$ のように変数変換すると

$$P_x(f) = \int_{-\infty}^{\infty} \left(\lim_{T \to \infty} \frac{1}{T} \int_{-\infty}^{\infty} x_T(t) x_T(t + \tau)\, dt \right) \exp(-j2\pi f\tau)\, d\tau \quad (4.29)$$

ところで

$$\lim_{T \to \infty} \frac{1}{T} \int_{-\infty}^{\infty} x_T(t) x_T(t + \tau)\, dt = R_{xx}(\tau) \quad (4.30)$$

は自己相関関数にほかならないから

$$P_x(f) = \int_{-\infty}^{\infty} R_{xx}(\tau) \exp(-j2\pi f\tau)\, d\tau \tag{4.31}$$

であることがわかる．すなわち，自己相関関数と電力スペクトル密度とは次式のようにフーリエ変換対の関係にある．

$$\begin{cases} P_x(f) = \displaystyle\int_{-\infty}^{\infty} R_{xx}(\tau) \exp(-j2\pi f\tau)\, d\tau \\ R_{xx}(\tau) = \displaystyle\int_{-\infty}^{\infty} P_x(f) \exp(j2\pi f\tau)\, df \end{cases} \tag{4.32}$$

ここで

$$P_x(0) = \int_{-\infty}^{\infty} R_{xx}(\tau)\, d\tau \tag{4.33}$$

は直流電力である．$P_x(f)$ は $x(t)$ の電力スペクトル密度であるから

$$R_{xx}(0) = \lim_{T\to\infty} \frac{1}{T} \int_{-\infty}^{\infty} x_T{}^2(t)\, dt = \int_{-\infty}^{\infty} P_x(f)\, df \tag{4.34}$$

は平均電力になる．

4.7 白 色 雑 音

　全ての周波数にわたって電力スペクトル密度が一定値である雑音を白色雑音という．白色雑音の両側電力スペクトル密度が，図 4.4 のように $N_0/2$ であるとしよう（N_0 を片側電力スペクトル密度と呼ぶ）．電力スペクトル密度を逆フーリエ変換すればその自己相関関数 $R_{nn}(\tau)$ が得られる．すなわち

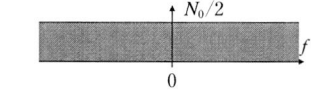

$$R_{nn}(\tau) = \frac{N_0}{2} \int_{-\infty}^{\infty} \exp(j2\pi f\tau)\, df = \frac{N_0}{2} \delta(\tau) \tag{4.35}$$

$\tau \neq 0$ では $R_{nn}(\tau) = 0$ である．時間がわずかでも離れた 2 つの雑音標本は，相関が 0 であるから，

図 4.4 白色雑音の電力スペクトル密度と自己相関関数

互いに無関係な値をとることになる．なお，平均電力は $R_{nn}(0)$ に等しいから

$$R_{nn}(0) = \frac{N_0}{2} \delta(0) = \infty \tag{4.36}$$

となって，無限大の値を持つ．

4.8 線形システム出力の電力スペクトル密度

線形システムへ $x(t)$ が入力されたときの出力が $y(t)$ であるとする．線形システムの伝達関数は $H(f)$ であり，そのフーリエ変換であるインパルス応答が $h(t)$ であるとする．自己相関関数と電力スペクトル密度がフーリエ変換対の関係にあることを利用して，線形システム出力 $y(t)$ の電力スペクトル密度を求める．

自己相関関数は次式で定義される．
$$R_{yy}(\tau) = E[y(t)y(t+\tau)] \tag{4.37}$$
線形システムのインパルス応答を $h(t)$ で表すものとすると
$$\begin{cases} y(t) = \int_{-\infty}^{\infty} x(g)h(t-g)\,dg = \int_{-\infty}^{\infty} x(t-g)h(g)\,dg \\ y(t+\tau) = \int_{-\infty}^{\infty} x(z)h(t+\tau-z)\,dz = \int_{-\infty}^{\infty} x(t+\tau-z)h(z)\,dz \end{cases} \tag{4.38}$$
であるから
$$R_{yy}(\tau) = \int_{-\infty}^{\infty}\int_{-\infty}^{\infty} E[x(t-g)x(t+\tau-z)]h(g)h(z)\,dgdz$$
$$= \int_{-\infty}^{\infty}\int_{-\infty}^{\infty} h(g)h(z)R_{xx}(\tau+g-z)\,dgdz \tag{4.39}$$
となる．ここで
$$R_{xx}(\tau) = \int_{-\infty}^{\infty} P_x(f)\exp(j2\pi f\tau)\,df \tag{4.40}$$
であるので
$$R_{yy}(\tau) = \int_{-\infty}^{\infty} P_x(f)|H(f)|^2\exp(j2\pi f\tau)\,df \tag{4.41}$$
が得られる．

自己相関関数の逆フーリエ変換が電力スペクトル密度になるから
$$P_y(f) = P_x(f)|H(f)|^2 \tag{4.42}$$
が線形システム出力の電力スペクトル密度である．式（4.42）は決定論的信号の電力スペクトル密度に関する式（3.36）と同じ表現である．

4.9 変調と復調

　信号は有線回線や電波によって，ある地点から他の地点へ伝送される．ところが，各送信信号の帯域幅は回線自身の帯域幅よりきわめて狭い．すなわち，回線の伝送帯域の一部分しか利用していないことになる．そこで，送信信号を異なる周波数帯域に移動させて周波数スペクトルが重なり合わないようにすれば，回線を共有することができる．

　図4.5のように，送信信号を異なる周波数帯域に移動させることを変調と呼ぶ．受信側では，搬送波周波数f_cの位置にシフトさせた信号の周波数スペクトルをもとの周波数の位置にシフトさせなければならない．これを復調という．これを示したのが図4.6である．そのときには，変調された信号の周波数スペクトルのみを通過させる帯域通過フィルタ（BPF）を用い，不要な雑音を抑圧することが必要である．白色雑音がBPFを通過した後の電力スペクトルはf_cの周りに分布する．このような雑音を帯域通過雑音と呼ぶ．

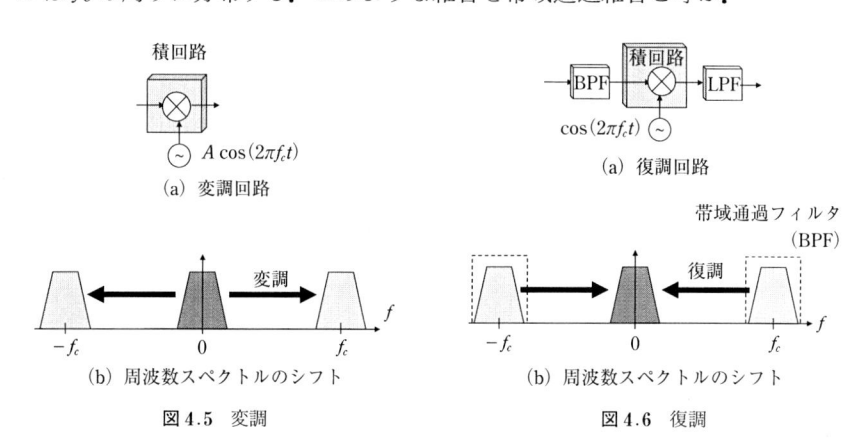

(a) 変調回路

(b) 周波数スペクトルのシフト

図4.5　変調

(a) 復調回路

(b) 周波数スペクトルのシフト

図4.6　復調

a. 変調回路（積回路）出力の電力スペクトル密度

　変調回路では，図4.5のように入力信号$x(t)$に$A\cos(2\pi f_c t)$を乗積する．その出力$y(t)$は

$$y(t) = Ax(t)\cos(2\pi f_c t) = Ax(t)\frac{\exp(-j2\pi f_c t) + \exp(j2\pi f_c t)}{2}$$

(4.43)

であることから,$y(t)$ の周波数スペクトル密度 $Y(f)$ は

$$Y(f) = \int_{-\infty}^{\infty} y(t)\exp(-j2\pi ft)\,dt = \frac{A}{2}[X(f+f_c)+X(f-f_c)]$$

(4.44)

となる.すなわち,第2章で学んだように,入力信号 $x(t)$ の周波数スペクトル密度 $X(f)$ が $\pm f_c$ だけ周波数シフトしたものになる.

次に,入力信号 $x(t)$ が自己相関関数 $R_{xx}(\tau)$ を持つ不規則信号であるときの $y(t)$ の電力スペクトル密度 $P_y(f)$ を求めよう.電力スペクトル密度は自己相関関数のフーリエ変換であることを利用する.まず,$y(t)$ の自己相関関数 $R_{yy}(\tau)$ を求める.

$$\begin{aligned}R_{yy}(\tau) &= E[y(t)y(t+\tau)] \\ &= \frac{1}{2}A^2 R_{xx}(\tau)E[\cos(2\pi f_c\tau)+\cos(4\pi f_c t+2\pi f_c\tau)] \\ &= \frac{1}{2}A^2 R_{xx}(\tau)\cos(2\pi f_c\tau)\end{aligned}$$

(4.45)

$R_{yy}(\tau)$ のフーリエ変換は,$y(t)$ の電力スペクトル密度 $P_y(f)$ である.すなわち

$$\begin{aligned}P_y(f) &= \int_{-\infty}^{\infty} R_{yy}(\tau)\exp(-j2\pi f\tau)\,d\tau \\ &= \frac{A^2}{2}\int_{-\infty}^{\infty} R_{xx}(\tau)\cos(2\pi f_c\tau)\exp(-j2\pi f\tau)\,d\tau\end{aligned}$$

(4.46)

ここで,$\cos(2\pi f_c\tau)=(1/2)[\exp(j2\pi f_c\tau)+\exp(-j2\pi f_c\tau)]$ であるから,次式を得る.

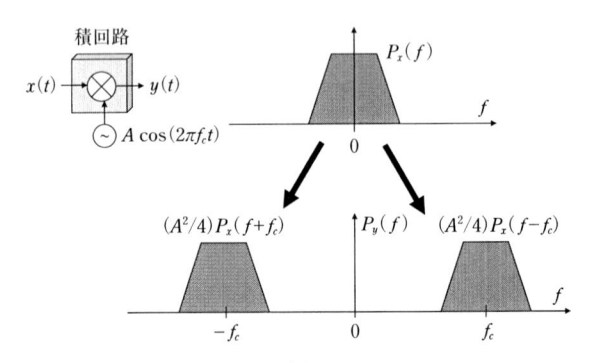

図 4.7 変調による電力スペクトルのシフト

$$P_y(f) = \frac{A^2}{4}[P_x(f-f_c) + P_x(f+f_c)] \tag{4.47}$$

変調による電力スペクトルのシフトの様子を図示したのが図 4.7 である．

b. 復調回路（積回路）出力の電力スペクトル密度

復調では，図 4.8 に示すように帯域通過フィルタ（BPF）を通過した受信信号と帯域通過雑音との和に，搬送波に同期した局部発信波 $\cos(2\pi f_c t)$ を乗積する．BPF を通過した信号 $Ax(t)\cos(2\pi f_c t)$ の積回路出力は $y(t) = A_x(t)\cos^2(2\pi f_c t) = (Ax(t)/2)(1+\cos 4\pi f_c t)$ となる．搬送波周波数 f_c の ± 2 倍の周波数成分は低域通過フィルタ（LPF）で遮断されるから，力は $(A/2)x(t)$ となって信号成分が得られる．帯域通過雑音 $n(t)$ の電力スペクトル密度は，図 4.9 のように搬送波周波数 f_c の周りに分布している．これに $\cos(2\pi f_c t)$ を乗積して得られる積回路出力 $y_n(t)$ の雑音電力スペクトル密度を求める．

復調出力 $y_n(t)$ の自己相関関数 $R_{yy}(\tau)$ は，変調出力の自己相関関数を求めたときと全く同様に

図 4.8　復調回路

図 4.9　帯域通過フィルタ出力雑音の電力スペクトル密度

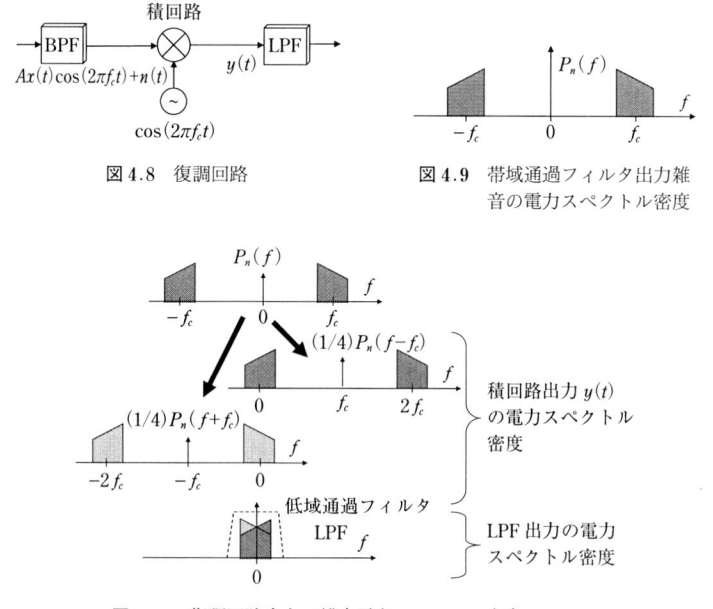

図 4.10　復調回路出力の雑音電力スペクトル密度のシフト

$$R_{yy}(\tau) = E[y_n(t) y_n(t+\tau)] = \frac{1}{2} R_{nn}(\tau) \cos(2\pi f_c \tau) \qquad (4.48)$$

となる．ここで，$R_{nn}(\tau)$ は帯域通過雑音 $n(t)$ の自己相関関数である．$R_{yy}(\tau)$ のフーリエ変換が電力スペクトル密度 $P_y(f)$ を与えるから

$$P_y(f) = \int_{-\infty}^{\infty} R_{yy}(\tau) \exp(-j2\pi f\tau) d\tau = \frac{1}{4}[P_n(f-f_c) + P_n(f+f_c)]$$
$$(4.49)$$

が得られる．ここで，$P_n(f)$ は帯域通過雑音 $n(t)$ の電力スペクトル密度である．LPF 出力の雑音電力スペクトル密度は，$\pm 2f_c$ の周りの周波数成分を取り除いた成分のみとなる．この様子を図 4.10 に示す．帯域通過雑音 $n(t)$ の自己相関関数 $R_{nn}(\tau)$ およびそのフーリエ変換である電力スペクトル密度 $P_n(f)$ については次で学ぶ．

4.10 帯域通過信号の数式表現

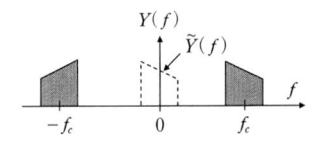

図 4.11 帯域通過信号の周波数スペクトル密度

図 4.11 のように，ある周波数の近傍にだけ周波数成分を有する信号は帯域通過信号と呼ばれる．このような帯域通過信号 $y(t)$ のフーリエ変換（すなわち周波数スペクトル密度）を $Y(f)$ とする．式 (2.42) より次のような関係が得られる．

$$\begin{cases} Y(f) = \int_{-\infty}^{\infty} y(t) \exp(-j2\pi ft) dt \\ Y(-f) = \int_{-\infty}^{\infty} y(t) \exp(j2\pi ft) dt = Y^*(f) \end{cases} \qquad (4.50)$$

$Y(f)$ は $\pm f_c$ の近傍だけに存在するということに注意して，正の周波数領域と負の領域に分ける．零周波数を中心とした狭帯域周波数スペクトルを表す関数 $\tilde{Y}(f)$ を導入して，正の周波数領域における $Y(f)$ を表すことを考える．すなわち

$$Y(f) = \tilde{Y}(f - f_c), \quad f > 0 \qquad (4.51)$$

負の周波数領域における $Y(f)$ は，このような $\tilde{Y}(f)$ を用いて表すことができる．すなわち

$$Y(-f) = Y^*(f) = \tilde{Y}^*(f - f_c), \quad f > 0 \qquad (4.52)$$

という関係があることを利用して，f を $-f$ と置き換えると
$$Y(f) = \tilde{Y}^*(-f-f_c), \quad f<0 \tag{4.53}$$
になる．以上より，全周波数領域における $Y(f)$ を，$\tilde{Y}(f)$ を用いて表すことができる．つまり
$$Y(f) = \tilde{Y}^*(-f-f_c) + \tilde{Y}(f-f_c), \quad -\infty < f < +\infty \tag{4.54}$$
となる．

$Y(f)$ の逆フーリエ変換が帯域通過信号 $y(t)$ である．$y(t)$ は式（4.54）より次式のように表せることになる．

$$\begin{aligned}
y(t) &= \int_{-\infty}^{\infty} Y(f) \exp(j2\pi ft) \, df \\
&= \int_{-\infty}^{\infty} \tilde{Y}^*(-f-f_c) \exp(j2\pi ft) \, df + \int_{-\infty}^{\infty} \tilde{Y}(f-f_c) \exp(j2\pi ft) \, df \\
&= \left(\int_{-\infty}^{\infty} \tilde{Y}(f) \exp(j2\pi ft + j2\pi f_c t) \, df \right)^* + \int_{-\infty}^{\infty} \tilde{Y}(f) \exp(j2\pi ft + j2\pi f_c t) \, df \\
&= \left(\int_{-\infty}^{\infty} \tilde{Y}(f) \exp(j2\pi ft) \, df \right)^* \exp(-j2\pi f_c t) + \int_{-\infty}^{\infty} \tilde{Y}(f) \exp(j2\pi ft) \, df \\
&\quad \times \exp(j2\pi f_c t) \\
&= y_c(t) \cos(2\pi f_c t) - y_s(t) \sin(2\pi f_c t) \tag{4.55}
\end{aligned}$$

ここで
$$\tilde{y}(t) = y_c(t) + j y_s(t) = 2\int_{-\infty}^{\infty} \tilde{Y}(f) \exp(j2\pi ft) \, df \tag{4.56}$$
である．$\tilde{y}(t)$ は，周波数スペクトルが f_c の近傍に集中する帯域通過信号 $y(t)$ の等価低域信号といわれる．

4.11 帯域通過雑音

復調器の帯域通過フィルタを通過した雑音は，図4.9のように搬送波周波数の近傍にだけ周波数成分を有する．このような雑音は帯域通過雑音と呼ばれる．式（4.55）より，帯域通過雑音 $n(t)$ は次式のように表すことができる．
$$n(t) = n_c(t) \cos(2\pi f_c t) - n_s(t) \sin(2\pi f_c t) \tag{4.57}$$
ここで，$n_c(t)$ および $n_s(t)$ は，それぞれ $n(t)$ の同相成分および直交成分である．以下では，$n(t)$ の平均電力，自己相関関数 $R_{nn}(\tau)$，および電力スペクトル密度 $P_n(f)$ について述べる．

a. 平均電力

狭帯域雑音は狭義の定常過程でありエルゴード性が成り立つ．平均電力 P_n は自乗期待値 $E[n^2(t)]$ に等しい．したがって

$$E[n^2(t)] = \frac{1}{2}E[n_c^2(t)] + \frac{1}{2}E[n_s^2(t)] + \frac{1}{2}E[n_c^2(t) - n_s^2(t)]\cos(4\pi f_c t)$$
$$- E[n_c(t)n_s(t)]\sin(4\pi f_c t) \quad (4.58)$$

上式が t に依存しないためには

$$E[n_c^2(t)] = E[n_s^2(t)], \quad E[n_c(t)n_s(t)] = 0 \quad (4.59)$$

でなければならない．これより

$$P_n = E[n^2(t)] = E[n_c^2(t)] = E[n_s^2(t)] \quad (4.60)$$

であることがわかる．

b. 自己相関関数

自己相関関数は

$$R_{nn}(\tau) = E[n(t)n(t+\tau)]$$
$$= \frac{1}{2}\{E[n_c(t)n_c(t+\tau)] + E[n_s(t)n_s(t+\tau)]\}\cos(2\pi f_c \tau)$$
$$- \frac{1}{2}\{E[n_c(t)n_s(t+\tau)] - E[n_s(t)n_c(t+\tau)]\}\sin(2\pi f_c \tau)$$
$$+ \frac{1}{2}\{E[n_c(t)n_c(t+\tau)] - E[n_s(t)n_s(t+\tau)]\}\cos(4\pi f_c t + 2\pi f_c \tau)$$
$$- \frac{1}{2}\{E[n_c(t)n_s(t+\tau)] + E[n_s(t)n_c(t+\tau)]\}\sin(4\pi f_c t + 2\pi f_c \tau)$$
$$(4.61)$$

上式が時刻 t に依存しないためには

$$\begin{cases} R_{cc}(\tau) = E[n_c(t)n_c(t+\tau)] = E[n_s(t)n_s(t+\tau)] = R_{ss}(\tau) \\ R_{cs}(\tau) = E[n_c(t)n_s(t+\tau)] = -E[n_s(t)n_c(t+\tau)] = -R_{sc}(\tau) \end{cases}$$
$$(4.62)$$

これより

$$R_{cc}(\tau) = R_{ss}(\tau), \quad R_{cs}(\tau) = -R_{sc}(\tau) \quad (4.63)$$

である．したがって，$n(t)$ の自己相関関数 $R_{nn}(\tau)$ は

$$R_{nn}(\tau) = R_{cc}(\tau)\cos(2\pi f_c \tau) - R_{cs}(\tau)\sin(2\pi f_c \tau) \quad (4.64)$$

となる．なお，雑音電力は $P_n = R_{nn}(0) = R_{cc}(0)$ である．

[**例題 4.1**]　$R_{cc}(\tau)$ が偶関数，$R_{cs}(\tau)$ が奇関数であることの証明
　[解]
　(1)　$R_{cc}(\tau)$ は偶関数
　式 (4.62) より
$$R_{cc}(-\tau) = E[n_c(t)\,n_c(t-\tau)] = E[n_c(t-\tau)\,n_c(t)] \tag{4.65}$$
であるが，帯域通過雑音は狭義の定常過程であり，時刻 t とそれから一定時間だけ過ぎた時刻 $t+\tau$ で観測した $n_c(t)$ と $n_c(t+\tau)$ の結合確率密度関数もあらゆる時刻 t で等しい．したがって
$$R_{cc}(-\tau) = E[n_c(t-\tau)\,n_c(t)] = E[n_c(t)\,n_c(t+\tau)] = R_{cc}(\tau) \tag{4.66}$$
すなわち，$R_{cc}(\tau)$ は偶関数である．
　(2)　$R_{cs}(\tau)$ は奇関数
　式 (4.62) より
$$R_{cs}(-\tau) = E[n_c(t)\,n_s(t-\tau)] = -E[n_s(t)\,n_c(t-\tau)] = -E[n_c(t-\tau)\,n_s(t)] \tag{4.67}$$
であるが，帯域通過雑音は狭義の定常過程であり，時刻 t とそれから一定時間だけ過ぎた時刻 $t+\tau$ で観測した，$n_c(t)$，$n_s(t)$，$n_c(t+\tau)$ と $n_s(t+\tau)$ の結合確率密度関数もあらゆる時刻 t で等しい．したがって
$$R_{cs}(-\tau) = -E[n_c(t-\tau)\,n_s(t)] = -E[n_c(t)\,n_s(t+\tau)] = -R_{cs}(\tau) \tag{4.68}$$
すなわち，$R_{cs}(\tau)$ は奇関数である．

c．電力スペクトル密度

　自己相関関数 $R_{nn}(\tau)$ のフーリエ変換が $n(t)$ の電力スペクトル密度 $P_n(f)$ である．すなわち

$$\begin{aligned}
P_n(f) &= \int_{-\infty}^{\infty} R_{nn}(\tau) \exp(-j2\pi f\tau)\,d\tau \\
&= \frac{1}{2}\int_{-\infty}^{\infty} R_{cc}(\tau)\{\exp(j2\pi f_c\tau) + \exp(-j2\pi f_c\tau)\}\exp(-j2\pi f\tau)\,d\tau \\
&\quad + \frac{1}{2}j\int_{-\infty}^{\infty} R_{cs}(\tau)\{\exp(j2\pi f_c\tau) - \exp(-j2\pi f_c\tau)\}\exp(-j2\pi f\tau)\,d\tau \\
&= \frac{1}{2}[P_{cc}(f-f_c) + jP_{cs}(f-f_c)] + \frac{1}{2}[P_{cc}(f+f_c) - jP_{cs}(f+f_c)]
\end{aligned} \tag{4.69}$$

ここで

$$\begin{cases} P_{cc}(f) = \int_{-\infty}^{\infty} R_{cc}(\tau)\exp(-j2\pi f\tau)\,d\tau \\ P_{cs}(f) = \int_{-\infty}^{\infty} R_{cs}(\tau)\exp(-j2\pi f\tau)\,d\tau \end{cases} \quad (4.70)$$

また

$$\begin{cases} R_{cc}(\tau) = \int_{-\infty}^{\infty} P_{cc}(f)\exp(j2\pi f\tau)\,df \\ R_{cs}(\tau) = \int_{-\infty}^{\infty} P_{cs}(f)\exp(j2\pi f\tau)\,df \end{cases} \quad (4.71)$$

である．$R_{cc}(\tau)$ は偶関数，$R_{cs}(\tau)$ は奇関数であるから

(1) $P_{cc}(f)$ は偶関数で実数

(2) $P_{cs}(f)$ は奇関数で虚数

である．図 4.12 のように電力スペクトル密度を偶関数成分と奇関数成分に分解したとき，偶関数成分が $P_{cc}(f)$ であり，奇関数成分が $P_{cs}(f)$ である．

$$P_n(f) = \frac{1}{2}[P_{cc}(f+f_c) - jP_{cs}(f+f_c)] + \frac{1}{2}[P_{cc}(f-f_c) + jP_{cs}(f-f_c)]$$

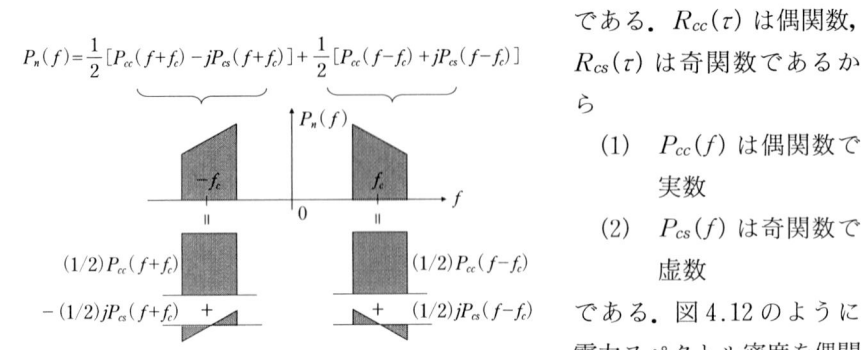

図 4.12 電力スペクトル密度の偶関数成分と奇関数成分

4.12 自己相関関数の複素表現と電力スペクトル密度

帯域通過雑音 $n(t)$ の自己相関関数 $R_{nn}(\tau)$ は，式 (4.64) で与えられている．複素表示を用いて式 (4.64) を変形すると次式のようになる．

$$\begin{aligned} R_{nn}(\tau) &= R_{cc}(\tau)\cos(2\pi f_c\tau) - R_{cs}(\tau)\sin(2\pi f_c\tau) \\ &= \mathrm{Re}[\Psi(\tau)\exp(j2\pi f_c\tau)] \end{aligned} \quad (4.72)$$

ここで

$$\Psi(\tau) = R_{cc}(\tau) + jR_{cs}(\tau) \quad (4.73)$$

である．なお，式 (4.62) より

$$\Psi(\tau) = \frac{1}{2}E[(n_c(t)+jn_s(t))^*(n_c(t+\tau)+jn_s(t+\tau))] \quad (4.74)$$

である．ところで，式 (4.57) は

$$n(t) = \mathrm{Re}[\tilde{n}(t)\exp(j2\pi f_c t)] \quad (4.75)$$

のように表現できる．ここで
$$\tilde{n}(t) = n_c(t) + jn_s(t) \tag{4.76}$$
であり，等価低域雑音といわれる．したがって，$\Psi(\tau)$ は $\tilde{n}(t)$ の自己相関関数になっていることがわかる．

$\Psi(\tau)$ の性質を調べる．$\Psi(\tau)$ のフーリエ変換は
$$\int_{-\infty}^{\infty} \Psi(\tau) \exp(-j2\pi f\tau) \, d\tau$$
$$= \int_{-\infty}^{\infty} R_{cc}(\tau) \exp(-j2\pi f\tau) \, d\tau + j \int_{-\infty}^{\infty} R_{cs}(\tau) \exp(-j2\pi f\tau) \, d\tau \tag{4.77}$$
ここで，式 (4.70) を用いると
$$\int_{-\infty}^{\infty} \Psi(\tau) \exp(-j2\pi f\tau) \, d\tau = P_{cc}(f) + jP_{cs}(f) \tag{4.78}$$
を得る．そこで
$$P(f) = P_{cc}(f) + jP_{cs}(f) \tag{4.79}$$
とおくと，次の関係式を得る．
$$\begin{cases} P(f) = \int_{-\infty}^{\infty} \Psi(\tau) \exp(-j2\pi f\tau) \, d\tau \\ \Psi(\tau) = \int_{-\infty}^{\infty} P(f) \exp(j2\pi f\tau) \, df \end{cases} \tag{4.80}$$
雑音 $n(t)$ の電力スペクトル密度 $P_n(f)$ を $P(f)$ を用いて表すと，$P_{cc}(f)$ が偶関数で $P_{cs}(f)$ が奇関数であることと式 (4.69) より
$$P_n(f) = \frac{1}{2}[P(f - f_c) + P(-f - f_c)] \tag{4.81}$$
となる．一方，雑音電力 P_n は
$$P_n = \int_{-\infty}^{\infty} P_n(f) \, df = \int_{-\infty}^{\infty} P(f) \, df = R_{nn}(0) = \Psi(0) \tag{4.82}$$
である．

演 習 問 題

4.1 電力スペクトル密度が全ての周波数にわたって平坦で $N_0/2$ の値を持つ白色雑音 $n(t)$ を，次のような伝達関数 $H(f)$ を持つ低域通過フィルタに入力した．フィルタ出力 $y(t)$ の電力スペクトル密度 $P_y(f)$ および自己相関関数 $R_{yy}(\tau)$ を求めよ．

$$H(f) = \begin{cases} 1, & |f| \le B \\ 0, & \text{その他} \end{cases}$$

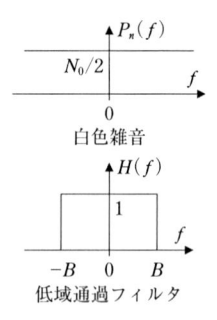

問題 4.1

4.2 電力スペクトル密度が全ての周波数にわたって平坦で $N_0/2$ の値を持つ白色雑音 $n(t)$ を，次のような伝達関数 $H(f)$ を持つ帯域通過フィルタに入力した．フィルタ出力 $y(t)$ の電力スペクトル密度 $P_y(f)$ および自己相関関数 $R_{yy}(\tau)$ を求めよ．

$$H(f) = \begin{cases} 1, & |f \pm f_c| \le B/2 \\ 0, & \text{その他} \end{cases}$$

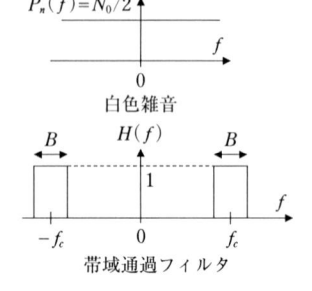

問題 4.2

4.3
(1) 次のような電力スペクトル密度 $P_n(f)$ を持つ帯域通過雑音 $n(t)$ と余弦波 $A\cos(2\pi f_c t)$ とを乗積して得られる $w(t)$ の電力スペクトル密度 $P_w(f)$ と平均電力 P_w を求めよ．

$$P_n(f) = \begin{cases} N_0/2, & |f \pm f_c| \le B/2 \\ 0, & \text{その他} \end{cases}$$

(2) 次に $w(t)$ を伝達関数 $H_{\text{LPF}}(f)$ の理想低域通過フィルタに入力した．出力 $v(t)$ の電力スペクトル密度 $P_v(f)$ と平均電力 P_v を求めよ．

$$H_{\text{LPF}}(f) = \begin{cases} 1, & |f| \le B/2 \\ 0, & \text{その他} \end{cases}$$

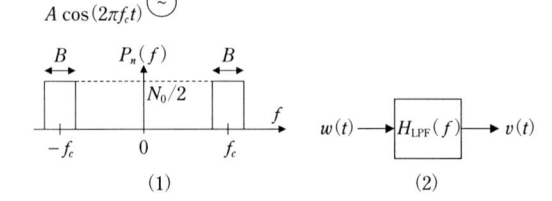

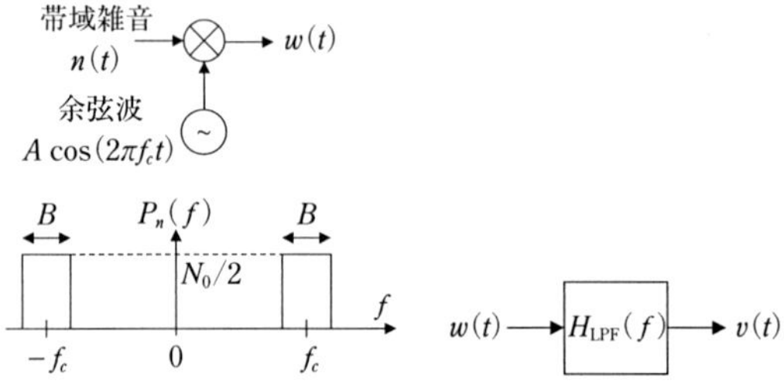

問題 4.3

5 信号対雑音電力比と雑音指数

　私たちの周りにはさまざまな雑音源がある．車の点火装置，電子レンジやコンピュータなど電気・電子製品，蛍光灯などから発生する雑音は人工雑音といわれる．この他，稲妻，太陽風による磁気嵐，宇宙雑音などの自然現象で発生する雑音がある．また，抵抗体から発生する熱雑音，半導体素子や電子管で発生するショット雑音などの物理系の揺らぎ雑音がある．抵抗体内の自由電子は熱エネルギーで運動している．自由電子の運動行程は結晶格子との衝突のために，ランダムでジグザグになる．これが熱雑音である．通信系で最も支配的な雑音はこの熱雑音である．

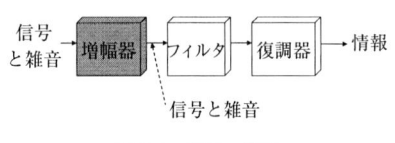

図5.1　信号の増幅

　送信された信号は遠くの相手に減衰して到達する．受信機では，図5.1のように，まず復調処理しやすい電圧値まで受信信号を増幅する増幅器が必要である．
　増幅器は雑音を内部発生するため，出力雑音は入力雑音よりも必ず増加してしまう．第5章では，まず熱雑音の性質について述べ，そして増幅器内部で発生する雑音をどのように扱えばよいかを述べることにする．

5.1　熱雑音の周波数スペクトル密度

　抵抗は，図5.2のように理想電圧源 $v(t)$ と理想抵抗 R からなる等価回路で表せる．自由電子による電流 i の自乗の周波数スペクトル密度 $P_i(f)$ は次式で与えられることがわかっている．

$$P_i(f) = \frac{2kTG_c}{1+(2\pi f/\alpha)^2} \tag{5.1}$$

ここで，k はボルツマン（Bortzman）定数，T は絶対温度（K）で表した周

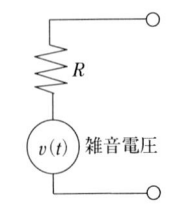

図 5.2　抵抗の等価回路

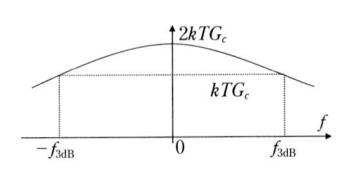

図 5.3　電流の自乗のスペクトル密度

囲温度，G_c はコンダクタンス，α は 1 秒間あたりの自由電子の平均衝突回数であり，それぞれ次のような値になる．

$$k = 1.38 \times 10^{-23} \text{ Joule/K}, \quad G_c = 1/R, \quad \alpha \approx 10^{14} \tag{5.2}$$

$P_i(f)$ は単調減少関数である．$P_i(f)$ を示したのが図 5.3 である．$P_i(f) = (1/2) P_i(0)$ となる周波数 $f_{3\text{dB}}$ は

$$f_{3\text{dB}} = \alpha/2\pi \approx 10^{14}/2\pi = 16000 \text{ GHz} \tag{5.3}$$

である．実用に用いられる周波数は数十 GHz であるから，雑音電流の自乗のスペクトル密度はほぼ平坦であることがわかる．

抵抗の端子間で観測される雑音電圧は $v = iR$ である．したがって抵抗の両端で観測される雑音電圧の自乗の周波数スペクトル密度 $P_v(f)$ は次式で与えられることになる．

$$P_v(f) = R^2 P_i(f) = \frac{2kRT}{1 + (2\pi f/\alpha)^2} \approx 2kTR \tag{5.4}$$

すなわち，雑音電圧の自乗のスペクトル密度は一定である．

5.2　回路網の熱雑音

回路網の端子間のインピーダンスを $Z_{ab}(f) = R_{ab}(f) + jX_{ab}(f)$ で表すものとする．図 5.4 の回路網の端子間のインピーダンスと雑音電圧の自乗の周波数

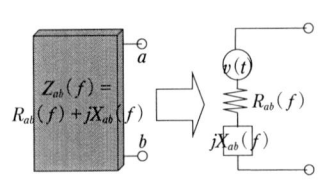

図 5.4　回路網の等価回路

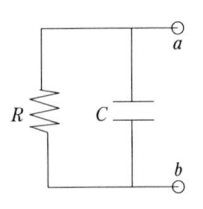

図 5.5　RC 回路網

スペクトル密度との関係を求めてみよう．端子間で観測される雑音電圧の自乗のスペクトル密度 $P_v(f)$ は，5.1節より次式で与えられることになる．

$$P_v(f) = 2kTR_{ab}(f) \tag{5.5}$$

図5.5のような抵抗 R とキャパシタンス C を並列接続した RC 回路を考える．この回路網の等価回路のインピーダンス $Z_{ab}(f)$ は

$$Z_{ab}(f) = \frac{R}{1+j2\pi fCR} = \frac{R}{1+(2\pi fCR)^2} - j\frac{2\pi fCR^2}{1+(2\pi fCR)^2} \tag{5.6}$$

であるから，雑音電圧の自乗の周波数スペクトル密度は次式のようになる．

$$P_v(f) = \frac{2kTR}{1+(2\pi fCR)^2} \tag{5.7}$$

[例題 5.1] 回路網の両端で観測される雑音電圧の自乗の周波数スペクトル密度

図5.6のような抵抗 R，キャパシタンス C で，インダクタンス L の RCL 回路網を考えよ．まずインピーダンス $Z_{ab}(f)$ を求め，回路網の両端で観測される雑音電圧の自乗の周波数スペクトル密度を求めよ．

[解]

インピーダンス $Z_{ab}(f)$ は次式で与えられる．

$$Z_{ab}(f) = R_{ab}(f) + jX_{ab}(f) = \left[\frac{1}{R+\dfrac{1}{j2\pi fC}} + \frac{1}{j2\pi fL}\right]^{-1}$$

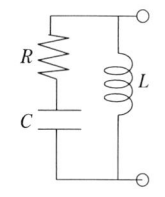

図5.6 RCL 回路網

であるから

$$R_{ab}(f) = \frac{(2\pi f\sqrt{LC})^4 R}{(1-(2\pi f\sqrt{LC})^2)^2 + (2\pi fRC)^2}$$

となる．雑音電圧の自乗の周波数スペクトル密度は式 (5.5) より次式のようになる．

$$P_v(f) = 2kTR_{ab}(f) = 2kTR\frac{(2\pi f\sqrt{LC})^4}{(1-(2\pi f\sqrt{LC})^2)^2 + (2\pi fRC)^2}$$

5.3 有能雑音電力スペクトル密度

電源回路に負荷を接続したときに最大電力が得られる負荷を整合負荷と呼ぶ．内部インピーダンスが $Z_{ab}(f)$ の回路網に対する整合負荷は，その複素共役をインピーダンスとする．したがって，図5.7のようになる．

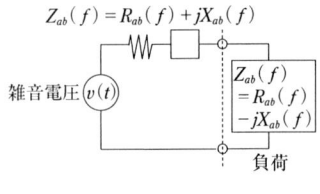

図 5.7　整合負荷

図 5.8　白色雑音の電力スペクトル密度

このとき負荷で消費される電力を有能雑音電力と呼ぶ．$P_v(f)=2kTR_{ab}(f)$ であることから，その電力スペクトル密度 $P_{out}(f)$ は次式のようになる．

$$P_{out}(f)=P_i(f)R_{ab}(f)=\frac{P_v(f)}{\{2R_{ab}(f)\}^2}R_{ab}(f)=\frac{kT}{2} \tag{5.8}$$

すなわち，図 5.8 のように周波数に無関係に一定値になる．このように，全ての周波数成分が一様に含まれる雑音を白色雑音と呼ぶ．

5.4　信号対雑音電力比（S/N）と雑音指数（NF）

信号電力が雑音電力に比べて大きくなるほど，信号伝送の品質がよくなる．信号伝送品質を決定する大事なパラメータが，信号対雑音電力比（S/N）である．

$$S/N=\frac{信号電力}{雑音電力}\frac{S}{N}$$

図 5.9 は受信機の構成を示すものである．受信信号を増幅器で増幅したのち，フィルタにより信号の周波数帯域以外の雑音を除去する．図 5.10 のように，増幅器入力の信号電力および熱雑音電力を，それぞれ S_{in} および N_{in} で表す．そして，増幅器出力のそれらを，それぞれ S_{out} および N_{out} で表す．増幅器内部で雑音を発生するため，出力の信号対雑音電力比 $(S/N)_{out}$ は入力のそれ $(S/N)_{in}$ より低くなる．増幅器の雑音指数（NF）を次式のように定義する．

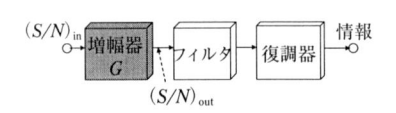

図 5.9　受信機の構成

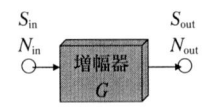

図 5.10　増幅器の入出力

5.4 信号対雑音電力比（S/N）と雑音指数（NF）

$$F=\frac{(S/N)_{\text{in}}}{(S/N)_{\text{out}}}=\frac{S_{\text{in}}/N_{\text{in}}}{S_{\text{out}}/N_{\text{out}}} \tag{5.9}$$

ただし，増幅器入力と出力の帯域幅が B であるものとすると，$N_{\text{in}}=kTB$ である．

a．増幅器の雑音指数

増幅器を理想増幅器として扱い，増幅器内部で発生する雑音電力を等価入力熱雑音電力として考えることができる．増幅器の電力増幅利得を G とする．出力雑音電力は，雑音指数の定義より

$$F=\frac{S_{\text{in}}/N_{\text{in}}}{S_{\text{out}}/N_{\text{out}}}=\left(\frac{S_{\text{in}}}{S_{\text{out}}}\right)\left(\frac{N_{\text{out}}}{N_{\text{in}}}\right)=\frac{1}{G}\left(\frac{N_{\text{out}}}{N_{\text{in}}}\right) \tag{5.10}$$

である．帯域幅が B であるときの熱雑音電力 N_{in} は $N_{\text{in}}=kTB$ であることから，$N_{\text{out}}=G\cdot F\cdot(kTB)$ である．したがって

$$N_{\text{out}}=G\cdot F\cdot(kTB)=G\cdot[1+(F-1)]\cdot(kTB) \tag{5.11}$$

より，内部発生雑音電力は雑音指数 F を用いて $(F-1)(kTB)$ となる．この関係を図 5.11 に示す．

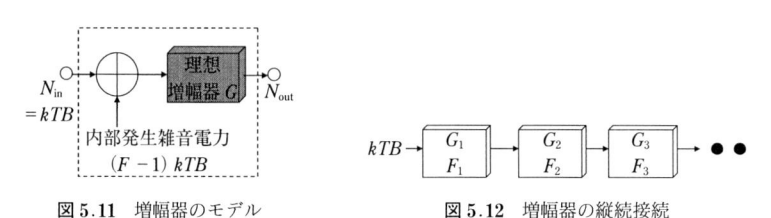

図 5.11 増幅器のモデル

図 5.12 増幅器の縦続接続

b．増幅器を縦続接続したときの雑音指数

複数の増幅器を縦続に接続すれば，増幅利得を大きくできる．図 5.12 のように J 個の増幅器を縦続接続したときの雑音指数はどうなるかについて調べる．帯域幅が B であるとする．

入力熱雑音による出力雑音電力は $(kTB)\prod_{j=1}^{J}G_j$ である．第 1 段目の増幅器内部で発生する雑音電力は $(kTB)(F_1-1)$ である．したがって，第 1 段目の増幅器内部で発生する雑音による出力雑音電力は $(kTB)(F_1-1)\prod_{j=1}^{J}G_j$ となる．次に，第 2 段目の増幅器を考える．第 2 段目の増幅器内部で発生する雑音の電力は $(kTB)(F_2-1)$ である．したがって，第 2 段目の増幅器内部で発生する

雑音による出力雑音電力は $(kTB)(F_2-1)\prod_{j=2}^{J} G_j$ となる．以上より，出力雑音の総合の雑音電力は以下のようになる．

$$N_{\text{total}} = (kTB)\left[1+(F_1-1)+\frac{F_2-1}{G_1}+\frac{F_3-1}{G_1 G_2}+\cdots+\frac{F_J-1}{G_1 G_2 \cdots G_{J-1}}\right]\prod_{j=1}^{J} G_j$$

$$= (kTB)\cdot F_{\text{total}}\cdot \prod_{j=1}^{J} G_j \tag{5.12}$$

ここで

$$F_{\text{total}} = F_1 + \frac{F_2-1}{G_1} + \frac{F_3-1}{G_1 G_2} + \cdots + \frac{F_J-1}{G_1 G_2 \cdots G_{J-1}} \tag{5.13}$$

は総合雑音指数である．一般には $G_j \gg 1$ であるから，第1段目増幅器の雑音指数の影響が支配的になることがわかる．したがって，増幅器を縦続接続して増幅利得を大きくしようとするときには，第1段目には雑音指数が小さい増幅器を用いる．

演 習 問 題

5.1 信号 $s(t)$ と電力スペクトル密度 $P_n(f)$ が $N_0/2$ である白色雑音 $n(t)$ とが，伝達関数 $H(f)$ を持つ理想低域通過フィルタに入力されている．

$$s(t) = A\sin(2\pi f_m t)$$

$$H(f) = \begin{cases} 1, & |f| \leq B \\ 0, & \text{その他} \end{cases}$$

フィルタ出力 $y(t)$ の雑音電力 P_y および信号対雑音電力比 S/N を表す式を求めよ．ただし，$f_m < B$ である．

5.2 次式で与えられる伝達関数 $H(f)$ を有する帯域通過フィルタがある．$B=50$ kHz であるときのフィルタ出力の熱雑音電力 N を求めよ．

さらに，信号対雑音電力比 S/N が $S/N=10$ dB になる信号電力 P_s を求めよ．

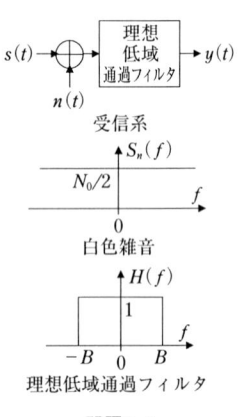

問題 5.1

$$H(f) = \exp\left[-(2\ln 2)\left(\frac{f-f_c}{B}\right)^2\right] + \exp\left[-(2\ln 2)\left(\frac{f+f_c}{B}\right)^2\right], \quad f_c \gg B$$

熱雑音は電力スペクトル密度が $kT/2$（Watt/Hz）の白色雑音である．$k=1.38\times 10^{-23}$ Joule/K はボルツマン定数，T は絶対温度で表した周囲温度で $T=300$ K（ケルビン）とする．必要であれば次の積分公式を用いよ（森口，宇田川，一松：数学公式I，岩波書店）．

$$\int_0^\infty \exp(-a^2 x^2)\,dx = \frac{\sqrt{\pi}}{2a}, \quad a>0$$

5.3 J 個の増幅器を縦続接続する．J 個の増幅器の雑音指数 F_j と電力利得 G_j とがそれぞれ，$F_j=3.0$ dB（真値は 2）および $G_j=10$ dB（真値は 10）であるものとする．$J=3$ であるときの総合の雑音指数 F_{total} と電力利得 G_{total} を求めよ．

6 アナログ変調——振幅変調——

　通信路のほとんどは直流成分を伝送できない帯域伝送路である．このような通信路で信号を伝送するために使われるのが変調という操作である．送信機は，送信メッセージ（たとえば音声）をアナログまたはディジタル電気信号に変換し，通信路で伝送するのに適した周波数帯の信号波形へ変換する変調操作を行って，伝送路に信号を送出する．伝送路では信号に雑音が加わる．受信機は，受信信号に含まれる雑音をフィルタで除去し，信号成分を処理しやすい電圧値まで増幅したのち，もとの周波数帯の電気信号波形に変換し，送信メッセージを復元するという検波操作を行う．

　第6章と第7章で，アナログ信号で高い周波数の搬送波の振幅，位相や周波数を変調する，いわゆるアナログ変調について学ぶ．変調信号がディジタル信号であればディジタル変調といわれるが，アナログ変調とディジタル変調との間には本質的な差異はない．第6章ではまず，アナログ振幅変調と，検波後の信号の品質を決定する大事な指標である信号対雑音電力比（S/N）について学ぶ．次に，第7章でアナログ周波数変調について学ぶ．

6.1 変調の種類

　遠方に信号を伝送する手段でよく使われるのが無線通信である．無線通信では電波を用いて通信を行っている．たとえば，携帯電話では 800 MHz 帯，1.5 GHz 帯と 2 GHz 帯という高い周波数の搬送波（carrier wave）を利用している．高い周波数帯の搬送波の振幅や位相に，送信したい情報を乗せる操作を変調という．送信したい情報を表す電気信号を変調信号（modulating signal）という．変調された信号を被変調信号（modulated signal）という．搬送波 $g(t) = A_c \cos(2\pi f_c t + \theta)$ を変調信号 $s(t)$ で変調する方法には以下のような3つの方法がある．

- 振幅 A_c を変化させる振幅変調
- 位相 θ を変化させる位相変調
- 瞬時周波数 $(1/2\pi)d\theta/dt$ を変化させる周波数変調

なお，変調信号 $s(t)$ がアナログ信号のときアナログ変調といい，ディジタル信号のときディジタル変調という．

6.2 振幅変調（AM）

a．AM 波の一般式

送信したい変調信号 $s(t)$ に比例して搬送波の振幅を変化させるのが AM である．AM 変調器の構成を示したのが図 6.1 である．本書では AM を用いた被変調信号を簡単に AM 波と呼ぶ．AM 波 $g_{AM}(t)$ は次式のように表せる．

$$g_{AM}(t) = A(t)\cos(2\pi f_c t) = A_c\{1+m_{AM}s(t)\}\cos(2\pi f_c t) \quad (6.1)$$

ここで，m_{AM} は変調指数（modulation index）で，$0 < m_{AM} \leq 1$ である．$m_{AM}=1$ のとき 100 ％変調と呼ぶ．また，$|s(t)|_{max}=1$ である．

変調信号 $s(t)$ が余弦波のとき，すなわち $s(t)=\cos(2\pi f_s t)$ であるとき，$g_{AM}(t)$ を図示すると図 6.2 のようになる．AM 波の包絡線の最大値および最小値は，それぞれ $A_c\{1+m_{AM}\}$ および $A_c\{1-m_{AM}\}$ である．$m_{AM}=1$ のときには包絡線が零になるときがある．

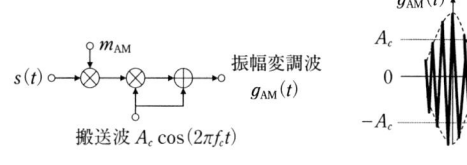

図 6.1 AM 変調器

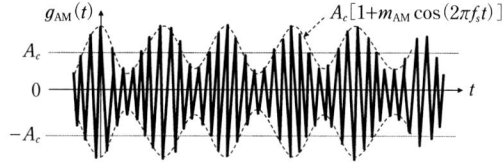

図 6.2 AM 信号の時間波形

b．AM 波の周波数スペクトル密度

変調信号が $s(t)=\cos(2\pi f_s t)$ であるときの被変調信号 $g_{AM}(t)$ を表現しなおすと

$$g_{AM}(t) = (A_c/2)[\exp(j2\pi f_c t) + \exp(-j2\pi f_c t)]$$
$$+ (A_c/4)m_{AM}[\exp(j2\pi(f_c-f_s)t) + \exp(-j2\pi(f_c-f_s)t)]$$

$$+ (A_c/4) m_{\text{AM}} [\exp(j2\pi(f_c+f_s)t) + \exp(-j2\pi(f_c+f_s)t)]$$
(6.2)

となる．これをフーリエ変換すれば，AM 波の周波数スペクトル密度 $G_{\text{AM}}(f)$ が得られる．2.4 節のようにして $G_{\text{AM}}(f)$ を求めると

$$G_{\text{AM}}(f) = (A_c/2)[\delta(f-f_c) + \delta(f+f_c)]$$
$$+ (A_c/4) m_{\text{AM}} [\delta(f-f_c+f_s) + \delta(f-f_c-f_s)]$$
$$+ (A_c/4) m_{\text{AM}} [\delta(f+f_c-f_s) + \delta(f+f_c+f_s)] \quad (6.3)$$

すなわち，$\pm f_c$ と $\pm f_c \pm f_s$ の周波数位置に線スペクトルを持つ信号であることがわかる．その各周波数位置にある線スペクトルの面積の大きさを図示したのが図 6.3 である．

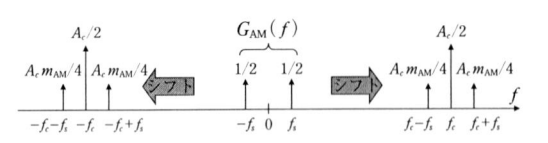

図 6.3 AM 信号の線スペクトルの大きさ

それでは，変調信号が余弦波のような周期信号でないとき，AM 波の周波数スペクトル密度はどのようになるのだろうか？ AM 波 $g_{\text{AM}}(t)$ は次式のように表せる．

$$g_{\text{AM}}(t) = (A_c/2)[\exp(j2\pi f_c t) + \exp(-j2\pi f_c t)]$$
$$+ (A_c/2) m_{\text{AM}} [s(t)\exp(j2\pi f_c t) + s(t)\exp(-j2\pi f_c t)]$$
(6.4)

これをフーリエ変換して周波数スペクトル密度を求める．フーリエ変換操作を $F[\cdot]$ で表すと

$$\begin{cases} F[s(t)\exp(j2\pi f_c t)] = S(f-f_c) \\ F[s(t)\exp(-j2\pi f_c t)] = S(f+f_c) \end{cases} \quad (6.5)$$

であることから

$$G_{\text{AM}}(f) = (A_c/2)[\delta(f-f_c) + \delta(f+f_c)]$$
$$+ (A_c/2) m_{\text{AM}} [S(f-f_c) + S(f+f_c)] \quad (6.6)$$

となる．

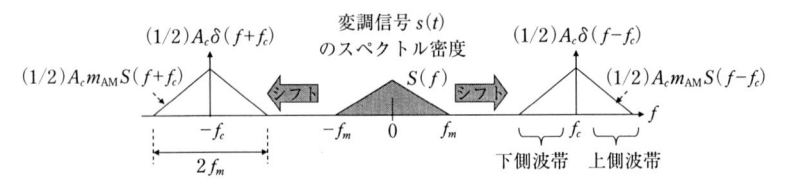

図 6.4 AM 波の周波数スペクトル密度

搬送波周波数より高い周波数（上側波帯）と低い周波数（下側波帯）に連続的に周波数スペクトルが存在する．変調信号が $|f|\leq f_m$ に帯域制限されているとき，f_m を最高変調周波数といい，電話音声では $f_m=3.4\,\mathrm{kHz}$ である．AM波を伝送するには変調信号の最高周波数 f_m の2倍の帯域を必要とする．この様子を図示したのが，図6.4である．

c． AM波の電力効率

AM波は
$$g_{\mathrm{AM}}(t)=\underbrace{A_c\cos(2\pi f_c t)}_{\text{搬送波成分}}+\underbrace{A_c m_{\mathrm{AM}} s(t)\cos(2\pi f_c t)}_{\text{信号成分}} \tag{6.7}$$

のように表されるから，変調信号成分に無関係な搬送波成分も送信されている．AM波の電力 P_{AM} は次式で与えられる．
$$P_{\mathrm{AM}}=\overline{g^2_{\mathrm{AM}}(t)}=A_c^2/2+(A_c^2/2)\,m^2_{\mathrm{AM}}\overline{s^2(t)} \tag{6.8}$$

ただし，$\overline{(.)}$ は時間平均を表す．式 (6.8) の第1項が搬送波電力 P_c であり，第2項が変調信号成分の電力 P_s である．変調信号成分の電力とAM波全体の電力との比を電力効率といい，次式で表せる．
$$\eta_{\mathrm{AM}}=\frac{P_s}{P_c+P_s}=\frac{m^2_{\mathrm{AM}}\overline{s^2(t)}}{1+m^2_{\mathrm{AM}}\overline{s^2(t)}} \tag{6.9}$$

ここで，変調信号が余弦信号 $s(t)=\cos(2\pi f_s t)$ であるとき
$$\eta_{\mathrm{AM}}=\frac{m^2_{\mathrm{AM}}/2}{1+m^2_{\mathrm{AM}}/2} \tag{6.10}$$

である．変調指数を最大（$m_{\mathrm{AM}}=1$）にしても，電力効率はたかだか33.3%にしかならない．残りの66.7%の電力は情報を運ばない搬送波の電力として消費されてしまう．このようにAMは電力効率が低い．

AMの電力効率を向上させる方法として次のような側波帯変調がある．
- 搬送波成分を除去する両側波帯（DSB）変調
- 側波帯の一方のみ送信する単側波帯（SSB）変調

d． AM波の検波

AM波からもとの変調信号 $s(t)$ を得るのがAM検波である．整流検波と包絡線検波の2つがある．

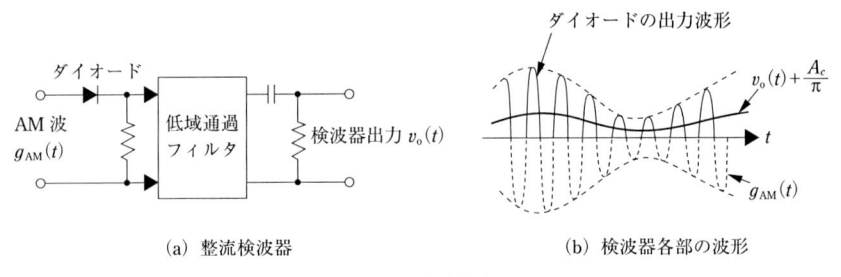

(a) 整流検波器

(b) 検波器各部の波形

図 6.5　整流検波

1) 整流検波

整流検波器を図 6.5 に示す．式 (6.1) の AM 波を半波整流する．半波整流では，$g_{AM}(t)$ の値が正のときのみ出力する．半波整流出力 $\tilde{g}_{AM}(t)$ は

$$\tilde{g}_{AM}(t) = A_c[1 + m_{AM}s(t)]q(t) \tag{6.11}$$

となる．ただし

$$q(t) = \begin{cases} \cos(2\pi f_c t), & (n-1/4)/f_c \leq t \leq (n+1/4)/f_c \text{ のとき} \\ 0, & \text{その他} \end{cases} \tag{6.12}$$

である．$q(t)$ は周期が $1/f_c$ の周期関数であるから，これをフーリエ級数で表すと

$$q(t) = \frac{1}{\pi} + \frac{1}{2}\cos(2\pi f_c t) - \frac{2}{\pi}\sum_{n=1}^{\infty}\frac{1}{4n^2-1}\cos(4\pi n f_c t) \tag{6.13}$$

である．変調信号 $s(t)$ の最高周波数 f_m は搬送波周波数 f_c より充分小さいから，低域通過フィルタ (LPF) 出力 $\bar{g}_{AM}(t)$ は次式のようになる．

$$\bar{g}_{AM}(t) = A_c\{1 + m_{AM}s(t)\}/\pi \tag{6.14}$$

となる．このあと，コンデンサで直流成分 A_c/π を遮断すれば

$$v_o(t) = (A_c/\pi)m_{AM}s(t) \tag{6.15}$$

を得る．これが整流検波器出力である．

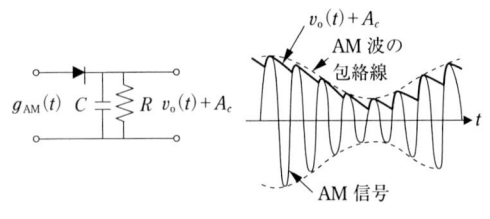

2) 包絡線検波

整流検波より出力を大きくできるのが図 6.6 の包絡線検波である．AM 波の包絡線は $A_c\{1 + m_{AM}s(t)\}$ である．この包

(a) 包絡線検波器

(b) 検波器各部の波形

図 6.6　包絡線検波

絡線を得たあと，直流成分 A_c を遮断すれば
$$v_o(t) = A_c m_{AM} s(t) \tag{6.16}$$
を得る．これが包絡線検波器出力である．整流検波器より π 倍大きい出力が得られる．

e. 両側波帯（DSB）変調

AM では搬送波成分まで伝送する必要があったので，電力効率が最大で 33.3% にしかならない．そこで，搬送波成分を抑圧し，変調信号成分を運ぶ両側波帯のみを伝送するようにして，電力効率を向上させたのが DSB（double sideband）変調である．

1) DSB 変調

DSB は，変調信号 $s(t)$ と搬送波 $\cos(2\pi f_c t)$ との積を作る操作である．変調器の構成を図 6.7 に，DSB 波の様子を図 6.8 に示す．

DSB 波は次式のように表せる．
$$\begin{aligned} g_{DSB}(t) &= A_c s(t) \cos(2\pi f_c t) \\ &= \frac{A_c}{2}[s(t)\exp(j2\pi f_c t) + s(t)\exp(-j2\pi f_c t)] \end{aligned} \tag{6.17}$$

DSB 波の周波数スペクトル密度は図 6.9 のようになる．変調信号 $s(t)$ の周波数スペクトル密度 $S(f)$ は，搬送波の周波数位置へシフトされる．DSB 波には，AM 波では存在した搬送波成分がないから，電力効率 $\eta_{DSB}=1$ である．

図 6.7 DSB 変調器

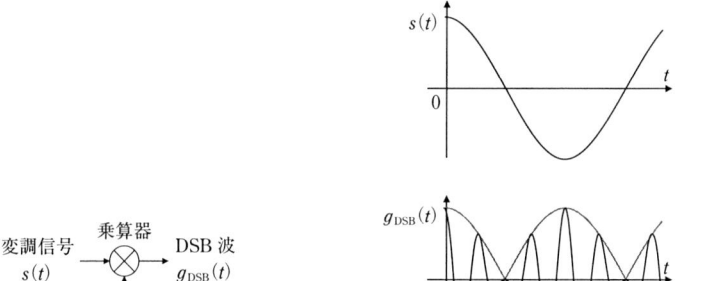

図 6.8 DSB 波

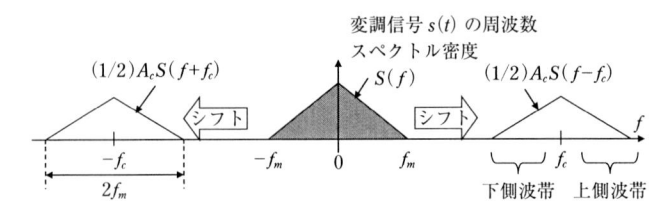

図6.9 DSB波の周波数スペクトル密度

2) DSB波の検波

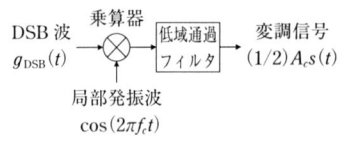

図6.10 DSB検波器

DSB検波器の構成を図6.10に示す．DSB波の検波では，変調に用いた搬送波と同一周波数で，かつ同一位相の局部発振波 $\cos(2\pi f_c t)$ を再生し，受信したDSB波 $g_{\mathrm{DSB}}(t)$ に乗算する．このように，変調に用いた搬送波と同一周波数でかつ同一位相の局部発振波を用いる検波は同期検波といわれる．

乗算器出力は

$$g_{\mathrm{DSB}}(t)\cos(2\pi f_c t) = A_c s(t)\cos^2(2\pi f_c t)$$
$$= \frac{A_c}{2} s(t)[1+\cos(4\pi f_c t)] \quad (6.18)$$

となる．

乗算器出力の周波数スペクトルを示したのが図6.11である．乗算器出力には搬送波周波数の2倍の周波数成分が含まれる．乗算器のあとに，変調信号の

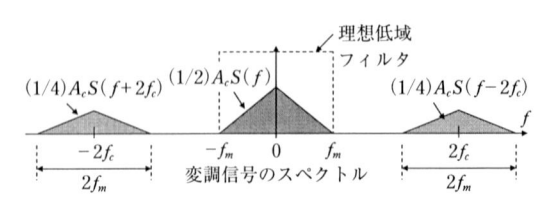

図6.11 乗算器出力の周波数スペクトル密度

最大周波数 f_m を遮断周波数とする低域通過フィルタを接続すれば，次のように変調信号成分を得ることができる．

$$v_o(t) = \frac{A_c}{2} s(t) \quad (6.19)$$

もし，局部発振波の周波数と位相が搬送波のそれらとずれていたときの検波出力はどうなるだろうか？ 局部発信波が $\cos[2\pi(f_c+\Delta f)t+\Delta\phi]$ であると

き,乗算器出力は

$$A_c s(t)\cos(2\pi f_c t)\cos[2\pi(f_c+\varDelta f)t+\varDelta\phi]$$
$$=\frac{A_c}{2}s(t)[\cos(2\pi\varDelta ft+\varDelta\phi)+\cos(2\pi(2f_c+\varDelta f)t+\varDelta\phi)] \quad (6.20)$$

低域通過フィルタ出力は上式の第1項であるから

$$v_\mathrm{o}(t)=\frac{A_c}{2}s(t)\cos(2\pi\varDelta ft+\varDelta\phi) \quad (6.21)$$

となって,変調信号 $g(t)$ を正確に抽出できないことがわかる.局部発信波の周波数は搬送波に完全同期している($\varDelta f=0$)が,位相が異なっているときのDSB検波器出力は

$$v_\mathrm{o}(t)=\frac{A_c}{2}s(t)\cos(\varDelta\phi) \quad (6.22)$$

である.$\varDelta\phi=\pi/2$ のとき出力が 0 になる.

f.　単側波帯(SSB)変調

DSB は電力効率が 100% であるが,図 6.9 に示したように AM と同様に変調信号の 2 倍の帯域幅が必要である.上側波帯,下側波帯とも同じ情報を運んでいるので,一方のみで変調信号を抽出できる.側波帯の一方を伝送する方式を単側波帯(single sideband:SSB)変調と呼ぶ.SSB 波を得る方法にはフィルタ法と位相シフト法の 2 つがある.SSB の電力効率は DSB と同じく $\eta_\mathrm{SSB}=1$ である.

1) フィルタ法

図 6.12 に示すように,まず変調信号 $s(t)$ と搬送波 $A_c\cos(2\pi f_c t)$ とを乗積してDSB 波を得る.そのあとに,遮断特性の鋭い帯域通過フィルタにより上下,いずれかの側波帯を取り出すとSSB 波 $g_\mathrm{SSB}(t)$ が得られる.

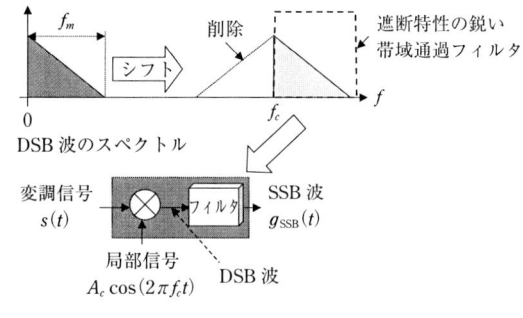

図 6.12　フィルタ法による SSB 変調

2) 位相シフト法

変調信号 $s(t)$ を搬送波 $A_c\cos(2\pi f_c t)$ と乗積する．また，変調信号に含まれる各周波数成分の位相を，位相器を用いて $-\pi/2$ ラジアン（$-90°$）だけシフトさせたあと，$\sin(2\pi f_c t)$ と乗積する．これら2信号を加えることでSSB波が得られる．

この操作を数式で説明する．単一周波数の変調信号を考える．変調信号は周波数 f_s の余弦波 $s(t)=\cos(2\pi f_s t)$ であるものとする．図6.13のように，これをDSB変調すれば搬送波周波数 f_c の上下に線スペクトル成分が発生するが，そのうち周波数が f_c+f_s の成分を抽出して得られるSSB波は次式のように表せる．

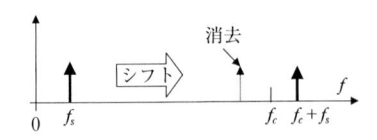

図6.13 単一周波数の変調信号で得られるSSB波の周波数スペクトル

$$\begin{aligned}g_{\text{SSB}}(t) &= A_c\cos(2\pi(f_c+f_s)t)\\ &= A_c\cos(2\pi f_s t)\cos(2\pi f_c t) - A_c\sin(2\pi f_s t)\sin(2\pi f_c t)\\ &= A_c\cos(2\pi f_s t)\cos(2\pi f_c t) - A_c\cos(2\pi f_s t - \pi/2)\sin(2\pi f_c t)\end{aligned}$$
(6.23)

上式の第2項は，変調信号および搬送波の位相をそれぞれ $-\pi/2$ ラジアンだけシフトさせて，それらの積をとったものである．すなわち

$$g_{\text{SSB}}(t) = A_c s(t)\cos(2\pi f_c t) - A_c \times [90°\text{位相が遅れた }s(t)] \times \sin(2\pi f_c t)$$
(6.24)

である．

フーリエ級数とフーリエ変換で学んだように，一般の変調信号は周波数の異なる多数の成分の和である．このことから，SSB波は図6.14のように発生できることがわかる．変調信号 $s(t)$ の各周波数成分の位相を $-\pi/2$ ラジアンだけシフトさせたものを $\hat{s}(t)$ で表すと，SSB波を次式のように表せる．

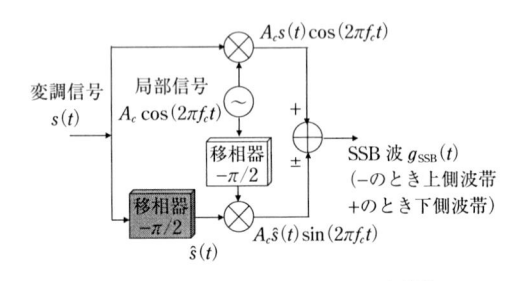

図6.14 位相シフトを用いるSSB変調器

$$g_{\text{SSB}}(t) = A_c s(t)\cos(2\pi f_c t) \pm A_c \hat{s}(t)\sin(2\pi f_c t) \quad (6.25)$$

ここで，複号±のうち+のとき下側波帯が，−のとき上側波帯が出力される．

$\hat{s}(t)$ は $s(t)$ のヒルベルト変換（Hilbert transform）と呼ばれ，$s(t)$ を次の伝達関数を持つフィルタを通過させることと等価である．

$$\hat{s}(t) = \int_{-\infty}^{\infty} s(\tau) h(t-\tau) d\tau$$

$$= \int_{-\infty}^{\infty} S(f) H(f) \exp(j2\pi ft) df$$

$$H(f) = \begin{cases} -j, & f \geqq 0 \text{ のとき} \\ j, & f < 0 \text{ のとき} \end{cases} \quad (6.26)$$

図 6.15 SSB 検波器

3) SSB 波の検波

DSB と同じようにして SSB 波の検波を行うことができる．図 6.15 が SSB 検波器である．乗算器出力は

$$g_{\text{SSB}}(t)\cos(2\pi f_c t) = A_c[s(t)\cos(2\pi f_c t) \pm \hat{s}(t)\sin(2\pi f_c t)]\cos(2\pi f_c t)$$
$$= (1/2)A_c s(t)\{1 + \cos(4\pi f_c t)\} \pm (1/2)\hat{s}(t)\sin(4\pi f_c t) \quad (6.27)$$

となる．ここで，低域通過フィルタで搬送波周波数の 2 倍の周波数成分を遮断すれば

$$v_o(t) = (1/2)A_c s(t) \quad (6.28)$$

となって，変調信号 $s(t)$ を得ることができる．

6.3 検波器出力の信号対雑音電力比（S/N）

検波器に入力されるのは信号と雑音である．雑音は，通信路で発生した雑音と受信機内部で発生した雑音の和になる．信号電力が雑音電力より充分大きくなければ，送信した変調波形と異なった波形が検波器から出力されてしまうことになる．アナログ通信系の特性評価の基準として用いられるのが，信号対雑音電力比（S/N）である．

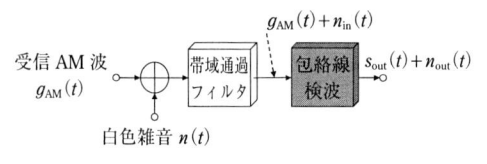

図 6.16 包絡線検波器入力の信号と雑音

a. AM 包絡線検波の S/N

1) 検波器入力の信号と雑音

受信機には図 6.16 のように，

AM波 $g_{AM}(t)$ と白色雑音 $n(t)$ との和が入力されている．$g_{AM}(t)$ は式 (6.1) で表される．すなわち

$$g_{AM}(t) = A_c\{1 + m_{AMS}(t)\}\cos(2\pi f_c t)$$

である．一方，白色雑音の両側電力スペクトル密度を $N_0/2$ とする（N_0 を片側電力スペクトル密度と呼ぶことがある）と，帯域幅 B の帯域通過フィルタを通過した帯域通過雑音 $n_{in}(t)$ は式 (4.57) のように表される．すなわち

$$n_{in}(t) = n_c(t)\cos(2\pi f_c t) - n_s(t)\sin(2\pi f_c t)$$

帯域通過雑音 $n_{in}(t)$ の電力スペクトル密度 $P_n(f)$ は図 6.17 のようになる．包絡線検波器への入力は AM波 $g_{AM}(t)$ と帯域通過雑音 $n_{in}(t)$ との和である．変調信号が周波数 f_m までの周波数成分を有するものとする．AM波 $g_{AM}(t)$ にひずみを発生させないように，受信機の帯域通過フィルタの帯域幅 B を $B=2f_m$ とすると，検波器入力は次式のように表せる．

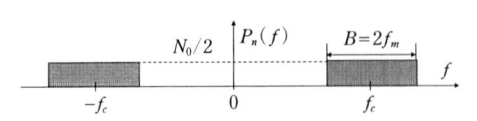

図 6.17 帯域通過雑音 $n_{in}(t)$ の電力スペクトル密度

$$\begin{aligned}g_{AM}(t)+n_{in}(t) &= [A_c + A_c m_{AMS}(t) + n_c(t)]\cos(2\pi f_c t) - n_s(t)\sin(2\pi f_c t) \\ &= \sqrt{[A_c + A_c m_{AMS}(t) + n_c(t)]^2 + n_s^2(t)}\,\cos(2\pi f_c t + \psi(t))\end{aligned} \quad (6.29)$$

ここで

$$\psi(t) = \tan^{-1}\left[\frac{n_s(t)}{A_c + A_c m_{AMS}(t) + n_c(t)}\right] \quad (6.30)$$

である．検波器入力の信号電力 $P_{s,in}$ と雑音電力 $P_{n,in}$ は次式で与えられる．

$$\begin{cases} P_{s,in} = \overline{g^2_{AM}(t)} = \dfrac{1}{2}A_c^2[1 + m^2_{AM}\overline{s^2(t)}] \\ P_{n,in} = \overline{n^2_{in}(t)} = \overline{n_c^2(t)} = \overline{n_s^2(t)} = 2f_m N_0 \end{cases} \quad (6.31)$$

2） 検波器出力の S/N

包絡線検波器出力 $R(t)$ は，式 (6.29) の包絡線であるから

$$R(t) = \sqrt{[A_c + A_c m_{AMS}(t) + n_c(t)]^2 + n_s^2(t)} \quad (6.32)$$

であるが，搬送波振幅 A_c が充分大きいとき，上式は次のように近似することができる．

$$R(t) \approx A_c + A_c m_{AMS}(t) + n_c(t) \quad (6.33)$$

直流成分を遮断すれば，それが包絡線検波出力 $v_o(t)$ になる．

$$v_o(t) = A_c m_{AM} s(t) + n_c(t) \tag{6.34}$$

第1項が信号成分，第2項が雑音成分である．したがって，検波器出力の信号成分の電力 $P_{s,\text{out}}$ と雑音成分の電力 $P_{n,\text{out}}$ は次式で与えられる．

$$\begin{cases} P_{s,\text{out}} = (A_c m_{AM})^2 \overline{s^2(t)} \\ P_{n,\text{out}} = \overline{n_c^2(t)} = \overline{n_{\text{in}}^2(t)} = 2 f_m N_0 \end{cases} \tag{6.35}$$

信号対雑音電力比 $(S/N)_{\text{out}}$ は次式になる．

$$(S/N)_{\text{out}} = \frac{P_{s,\text{out}}}{P_{n,\text{out}}} = \frac{2m_{AM}^2 \overline{s^2(t)}}{1 + m_{AM}^2 \overline{s^2(t)}} \left(\frac{P_{s,\text{in}}}{2 f_m N_0} \right) \tag{6.36}$$

特に，$s(t) = \cos(2\pi f_m t)$ であるとき

$$(S/N)_{\text{out}} = \frac{m_{AM}^2}{1 + m_{AM}^2/2} \left(\frac{P_{s,\text{in}}}{2 f_m N_0} \right) = \frac{m_{AM}^2}{1 + m_{AM}^2/2} (S/N)_{\text{in}} \leqq \frac{2}{3} (S/N)_{\text{in}} \tag{6.37}$$

となる．

b．DSB と SSB の S/N

1） 検波器入力の信号電力と雑音電力

DSB と SSB 検波器の構成を図 6.18 に示す．違いは帯域通過フィルタである．受信信号 $g_{\text{in}}(t)$ と帯域通過雑音 $n_{\text{in}}(t)$ はそれぞれ次式のように表せる．

$$g_{\text{in}}(t) = \begin{cases} A_c s(t) \cos(2\pi f_c t), & \text{DSB} \\ A_c s(t) \cos(2\pi f_c t) - A_c \hat{s}(t) \sin(2\pi f_c t), & \text{SSB} \end{cases} \tag{6.38 a}$$

$$n_{\text{in}}(t) = n_c(t) \cos(2\pi f_c t) - n_s(t) \sin(2\pi f_c t) \tag{6.38 b}$$

帯域通過雑音の電力スペクトル密度を示したのが図 6.19 で，SSB の雑音帯域幅は DSB の半分である．検波器入力の信号電力 $P_{s,\text{in}}$ と雑音電力 $P_{n,\text{in}}$ は次式で与えられる．

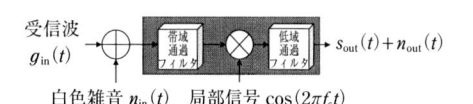

図 6.18 DSB と SSB の検波器

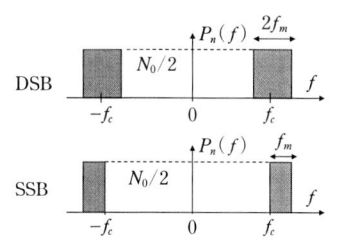

図 6.19 DSB と SSB 検波における帯域通過雑音の電力スペクトル密度

$$P_{s,\text{in}} = \begin{cases} (1/2)A_c{}^2\overline{s^2(t)}, & \text{DSB} \\ A_c{}^2\overline{s^2(t)}, & \text{SSB} \end{cases} \quad (6.39\,\text{a})$$

$$P_{n,\text{in}} = \overline{n^2{}_{\text{in}}(t)} = \overline{n_c{}^2(t)} = \overline{n_s{}^2(t)}$$

$$= \begin{cases} 2f_m N_0, & \text{DSB} \\ f_m N_0, & \text{SSB} \end{cases} \quad (6.39\,\text{b})$$

SSB の雑音電力は DSB の半分である．

2) 検波器出力の S/N

DSB，SSB とも，検波器出力の信号 $s_{\text{out}}(t)$ と雑音 $n_{\text{out}}(t)$ は次式のようになる．

$$\begin{cases} s_{\text{out}}(t) = (1/2)A_c s(t) \\ n_{\text{out}}(t) = (1/2)n_c(t) \end{cases} \quad (6.40)$$

検波器入力の SSB 信号電力は DSB の 2 倍であるが，DSB と SSB とも同じ検波器出力になる．検波器入力の白色雑音の同相成分 $n_c(t)$ の電力スペクトル密度は N_0 である．帯域通過フィルタの帯域幅は DSB では $2f_m$ であるが，SSB は f_m である．したがって検波器出力の信号電力 $P_{s,\text{out}}$ と雑音電力 $P_{n,\text{out}}$ はそれぞれ次式のようになる．

$$\begin{cases} P_{s,\text{out}} = (1/4)A_c{}^2\overline{s^2(t)}, & \text{DSB, SSB} \\ P_{n,\text{out}} = \begin{cases} (1/2)N_0 f_m, & \text{DSB} \\ (1/4)N_0 f_m, & \text{SSB} \end{cases} \end{cases} \quad (6.41)$$

検波器出力 S/N は次式で与えられる．

$$(S/N)_{\text{out}} = \begin{cases} \dfrac{1}{2}\left(\dfrac{A_c{}^2\overline{s^2(t)}}{N_0 f_m}\right) = \dfrac{P_{s,\text{in}}}{N_0 f_m}, & \text{DSB} \\ \dfrac{A_c{}^2\overline{s^2(t)}}{N_0 f_m} = \dfrac{P_{s,\text{in}}}{N_0 f_m}, & \text{SSB} \end{cases} \quad (6.42)$$

このように，SSB では帯域幅が DSB の半分であるが，DSB の 2 倍の信号電力を必要とするので，DSB と同じ信号電力であれば S/N は同じである．

演 習 問 題

6.1
(1) $g(t)\cos(2\pi t/T)$ は信号 $g(t)$ の周波数スペクトルを移動する変調操作である．変調波の周波数スペクトル $\tilde{G}(f)$ を $g(t)$ のフーリエ変換 $G(f)$ を用いて表示せよ．

(2) 周波数スペクトルが $G(f)\cos(2\pi fT)$ の場合の時間波形 $\tilde{g}(t)$ を，$g(t)$ を用いて表示せよ．

6.2 次式で与えられる AM 波を考えよ．
$$g_{AM}(t) = A_c\{1 + m_{AM}s(t)\}\cos(2\pi f_c t)$$

ただし，f_c は搬送波周波数，m_{AM} は変調指数である．この AM 波を半波整流したあと，帯域幅 B の理想低域通過フィルタにより高周波成分を遮断し，さらにコンデンサで直流成分を遮断するものとする．検波器出力が $v_o(t) = (A_c/\pi)m_{AM}s(t)$ となることをフーリエ級数を用いて示せ．

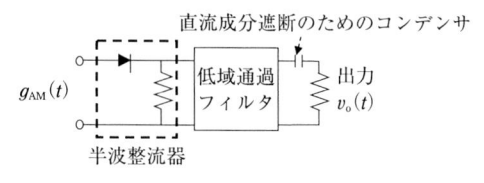

ただし，$s(t)$ は周波数帯域 $[-f_m, f_m]$ に帯域制限されていて，$f_m \ll B \ll f_c$ であるものとする．

6.3 図のような AM 受信機がある．変調信号が $s(t) = \cos(2\pi f_m t)$ であるときの AM 波は
$$g_{AM}(t) = A_c\{1 + m_{AM}\cos(2\pi f_m t)\}\cos(2\pi f_c t)$$

である．$f_m = 1\,\mathrm{kHz}$，$m_{AM} = 1$，受信 AM 波の電力が $P_s = -110\,\mathrm{dBW}$（ただし $0\,\mathrm{dBW} = 1\,\mathrm{W}$）であるときの AM 包絡線検波器出力の S/N を求めよ．

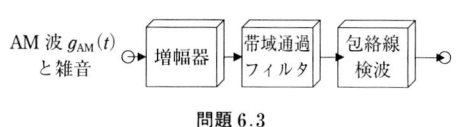

ただし，増幅器の電力利得が $G = 15\,\mathrm{dB}$ で雑音指数は $F = 6\,\mathrm{dB}$，フィルタは帯域幅 $B = 2f_m$ の理想帯域通過フィルタである．また，雑音は両側電力スペクトル密度 $N_0/2$ が $kT/2$（Watt/Hz）である白色雑音であるとする．ここで，$k = 1.38 \times 10^{-23}$ Joule/K はボルツマン定数，T は絶対温度で表した周囲温度で 300 K とする．また，$\log_{10} 1.38 = 0.14$，$\log_{10} 3 = 0.477$ である．

7 アナログ変調——角度変調——

7.1 周波数変調(FM)と位相変調(PM)

　角度変調には,変調信号 $s(t)$ で搬送波の瞬時角周波数を変調する周波数変調(FM)と,位相を変調する位相変調(PM)とがある.

　FM では搬送波の角周波数 $\omega(t)$ を変調信号 $s(t)$ で変調する.位相 $\theta(t)$ の時間微分が瞬時角周波数 $\omega(t)$ であるので

$$\omega(t) = d\theta(t)/dt = 2\pi\Delta f \cdot s(t) \tag{7.1}$$

である.変調信号の最大値が $|s(t)| \leqq 1$ であるものとすると,瞬時周波数の最大値は Δf であるので,Δf は最大周波数偏移と呼ばれる.角周波数の積分が位相であるので

$$\theta(t) = 2\pi\Delta f \int_{-\infty}^{t} s(t)\,dt \tag{7.2}$$

となり,FM 波は次式のように表せる.

$$g_{\text{FM}}(t) = A_c \cos\left(2\pi f_c t + 2\pi\Delta f \int_{-\infty}^{t} s(t)\,dt\right) \tag{7.3}$$

ここで,変調信号が $s(t) = \cos(2\pi f_m t)$ であるとき

$$g_{\text{FM}}(t) = A_c \cos(2\pi f_c t + m_{\text{FM}} \sin(2\pi f_m t)) \tag{7.4}$$

となる.$m_{\text{FM}}\,(=\Delta f/f_m)$ は FM 変調指数(modulation index)と呼ばれる.

　一方,PM は搬送波の位相 $\theta(t)$ を変調信号 $s(t)$ で変調する.すなわち

$$\theta(t) = \Delta\theta \cdot s(t) \tag{7.5}$$

であり,PM 波は次式のように表せる.ここで $\Delta\theta$ は最大位相偏移と呼ばれる.

$$g_{\text{PM}}(t) = A_c \cos(2\pi f_c t + \Delta\theta \cdot s(t)) \tag{7.6}$$

　位相と角周波数とは微分と積分の関係にあるから,FM と PM とは本質的

7.2 FM 波の周波数成分

[図: FM と PM の関係を示すブロック図]

上段: $s(t) \to \text{FM} \to g_{\text{FM}}(t)$, $\omega(t)=2\pi\varDelta f \cdot s(t)$ $\Rightarrow$ $\to$ 積分器 $\to$ PM $\to$, $\theta(t)=2\pi\varDelta f \int_{-\infty}^{t} s(t)\,dt$

下段: $s(t) \to \text{PM} \to g_{\text{PM}}(t)$, $\theta(t)=\varDelta\theta \cdot s(t)$ $\Rightarrow$ $\to$ 微分器 $\to$ FM $\to$, $\omega(t)=\varDelta\theta \cdot ds(t)/dt$

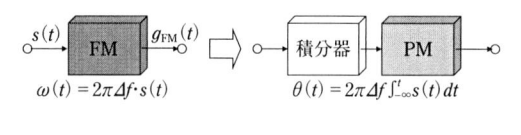

図 7.1 FM と PM の関係

には同じである．FM 変調器と PM 変調器のどちらを用いても FM 波と PM 波を発生させることができる．この関係を説明したのが図 7.1 である．

7.2 FM 波の周波数成分

変調信号が $s(t)=\cos(2\pi f_m t)$ であるときの FM 波は次式で表せる．

$$g_{\text{FM}}(t)=\text{Re}[A_c \exp(j2\pi f_c t)\exp(jm_{\text{FM}}\sin(2\pi f_m t))] \qquad (7.7)$$

ここで，$\exp(jm_{\text{FM}}\sin(2\pi f_m t))$ は周期 $T=1/f_m$ を持つことから，これをフーリエ級数で表すと

$$\exp(jm_{\text{FM}}\sin(2\pi f_m t))=\sum_{n=-\infty}^{\infty} G_n \exp(j2\pi n f_m t) \qquad (7.8)$$

である．ただし，フーリエ係数 G_n は

$$G_n=\frac{1}{2\pi}\int_{-\pi}^{\pi}\exp(jm_{\text{FM}}\sin t)\exp(-jnt)\,dt=J_n(m_{\text{FM}}) \qquad (7.9)$$

となる．ここで，$J_n(x)$ は n 次のベッセル関数

$$\begin{cases} J_n(x)=\left(\dfrac{x}{2}\right)^n \sum_{m=0}^{\infty}\dfrac{(-1)^m (x/2)^{2m}}{m!\,(m+n)!}, & n,\,x\geq 0 \\ J_{-n}(x)=(-1)^n J_n(x) \end{cases} \qquad (7.10)$$

である．$J_n(x)$ は実関数であるから

$$g_{\text{FM}}(t)=\text{Re}\left[A_c \exp(j2\pi f_c t)\sum_{n=-\infty}^{\infty}J_n(m_{\text{FM}})\exp(j2\pi n f_m t)\right]$$

$$=A_c \sum_{n=-\infty}^{\infty}J_n(m_{\text{FM}})\cos(2\pi(f_c+nf_m)t) \qquad (7.11)$$

次に，$g_{\text{FM}}(t)$ の周波数スペクトル密度 $G_{\text{FM}}(f)$ を求める．$g_{\text{FM}}(t)$ のフーリエ変換が周波数スペクトル密度 $G_{\text{FM}}(f)$ であるから，次式のようになる．

$$G_{\mathrm{FM}}(f) = \int_{-\infty}^{\infty} g_{\mathrm{FM}}(t) \exp(-j2\pi ft)\, dt$$

$$= \frac{A_c}{2} \sum_{n=-\infty}^{\infty} J_n(m_{\mathrm{FM}}) \left[\delta(f-(f_c+nf_m)) + \delta(f+(f_c+nf_m)) \right]$$

(7.12)

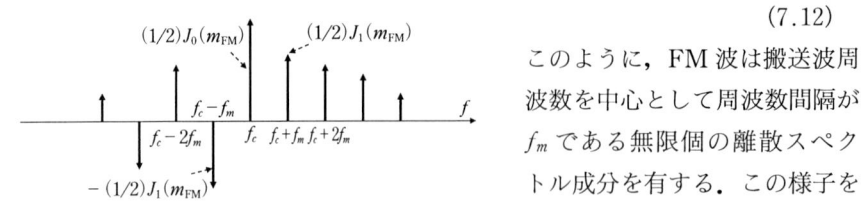

図7.2 FM波の周波数スペクトル密度（正の周波数領域のみ表示, $A_c=1$)

このように，FM波は搬送波周波数を中心として周波数間隔がf_mである無限個の離散スペクトル成分を有する．この様子を図7.2に示す．また，電力スペクトル密度は次式になる．

$$P_{\mathrm{FM}}(t) = \frac{A_c^2}{4} \sum_{n=-\infty}^{\infty} J_n^2(m_{\mathrm{FM}}) \left[\delta(f-(f_c+nf_m)) + \delta(f+(f_c+nf_m)) \right]$$

(7.13)

厳密にいうとFM波の帯域幅は無限大である．この理由はFM波の振幅が一定であるからである．しかし，電力のほとんどは有限の帯域幅に収まっている．FM波の電力は$A_c^2/2$である．90％の電力が含まれる帯域幅はFM波の帯域幅と呼ばれる．

$$\sum_{n=-(m_{\mathrm{FM}}+1)}^{m_{\mathrm{FM}}+1} J_n^2(m_{\mathrm{FM}}) \approx 0.9$$

(7.14)

であることから，FM波の帯域幅Bは次式のようになる．

$$B = 2f_m(m_{\mathrm{FM}}+1)$$

(7.15)

7.3　FM波とAM波の比較

変調指数m_{FM}が小さいときのFM波の近似表現を求める．ただし，$s(t)=\cos(2\pi f_m t)$とする．$x \ll 1$であれば$J_0(x) \approx 1$, $J_{-1}(x) = -J_1(x) \approx x/2$であり，$n=2$次以上の$J_n(x)$は無視できるほど充分小さいことから，式 (7.11) は次式のように近似できる．

$$g_{\mathrm{FM}}(t) = A_c \sum_{n=-\infty}^{\infty} J_n(m_{\mathrm{FM}}) \cos(2\pi(f_c+nf_m)t)$$

7.3 FM 波と AM 波の比較

$$\approx A_c \begin{bmatrix} \cos(2\pi f_c t) \\ +\dfrac{m_{\mathrm{FM}}}{2}\cos(2\pi(f_c+f_m)t) \\ -\dfrac{m_{\mathrm{FM}}}{2}\cos(2\pi(f_c-f_m)t) \end{bmatrix} \quad (7.16)$$

上式を指数関数を用いて表すと

$$g_{\mathrm{FM}}(t) \approx \dfrac{A_c}{2} \begin{bmatrix} \exp(j2\pi f_c t)+\dfrac{m_{\mathrm{FM}}}{2}\exp(j2\pi(f_c+f_m)t) \\ -\dfrac{m_{\mathrm{FM}}}{2}\exp(j2\pi(f_c-f_m)t) \\ +\exp(-j2\pi f_c t)+\dfrac{m_{\mathrm{FM}}}{2}\exp(-j2\pi(f_c+f_m)t) \\ -\dfrac{m_{\mathrm{FM}}}{2}\exp(-j2\pi(f_c-f_m)t) \end{bmatrix}$$
(7.17)

したがって $m_{\mathrm{FM}} \ll 1$ のとき，FM 波の周波数スペクトル密度は図 7.3 のようになる．すなわち搬送波成分と周波数が $f_c \pm f_m$ である 2 本の線スペクトルから成り立っていると近似できる．

変調指数 m_{FM} が小さいときの FM 波を AM 波と比較しよう．FM 波と AM 波は次式のように表せる．

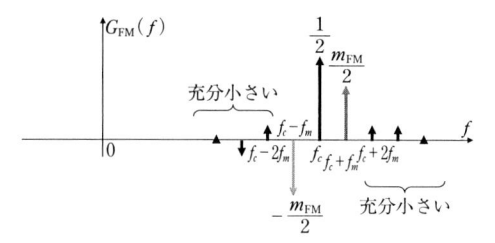

図 7.3 変調指数が充分小さい ($m_{\mathrm{FM}} \ll 1$) ときの FM 波の周波数スペクトル密度（正の周波数領域のみ表示，$A_c = 1$）

$$g_{\mathrm{FM}}(t) \approx A_c \mathrm{Re}\left[\left\{\begin{array}{l} 1 \\ +\dfrac{m_{\mathrm{FM}}}{2}\exp(j2\pi f_m t) \\ -\dfrac{m_{\mathrm{FM}}}{2}\exp(-j2\pi f_m t) \end{array}\right\}\exp(j2\pi f_c t)\right] \quad (7.18\,\mathrm{a})$$

$$g_{\mathrm{AM}}(t) = A_c[1 + m_{\mathrm{AM}} s(t)]\cos(2\pi f_c t)$$

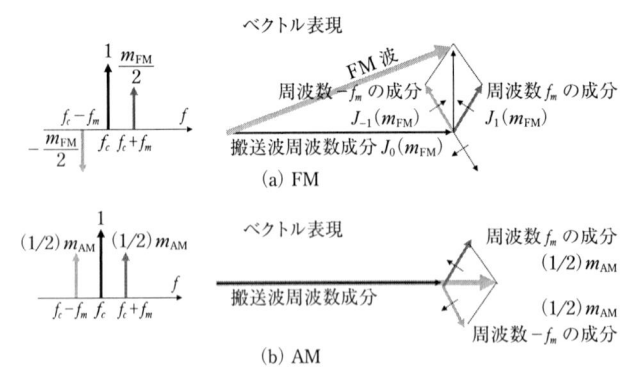

図7.4 FMとAMの比較

$$=A_c \mathrm{Re}\left[\left\{\begin{array}{l}1+\dfrac{1}{2}m_{\mathrm{AM}}\exp(j2\pi f_m t)\\ +\dfrac{1}{2}m_{\mathrm{AM}}\exp(-j2\pi f_m t)\end{array}\right\}\exp(j2\pi f_c t)\right] \quad (7.18\,\mathrm{b})$$

AM波とFM波の周波数スペクトル密度を比較したのが図7.4である．FMでは下側波帯と上側波帯成分の大きさは同じであるが符号が逆になっているから，両側波帯成分の和は搬送波成分に直交している．このため，FM波の振幅が一定になるのである（厳密には無数の成分が必要である）．一方，AMでは下側波帯と上側波帯成分は大きさが同じで同符号であるから，両側波帯成分の和は搬送波成分と平行になり，振幅が変動する．

7.4　FM検波の S/N

図7.5はFM受信機である．受信機入力は，FM波 $g_{\mathrm{FM}}(t)$ と雑音 $n(t)$ の和である．FM波と雑音は，まず帯域幅 $B=2(m_{\mathrm{FM}}+1)f_m$ の理想帯域通過フィルタ（BPF）で帯域制限されたあと，FM検波器に入力される．

a.　FM検波器出力の信号電力

BPFは，信号成分を何らひずませないものとする（厳密には，FM波の帯域幅は無限大であるからひずみが発生するが，ここではひずみを無視する）と，FM検波器入力信号は

7.4　FM 検波の S/N

図 7.5　FM 受信機

図 7.6　$n_s(t)$ の電力スペクトル密度

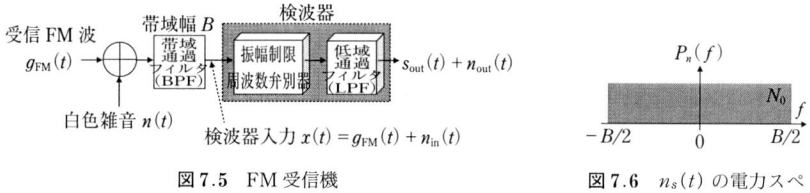

$$g_{\mathrm{FM}}(t) = A_c \cos\left(2\pi f_c t + 2\pi \Delta f \int_{-\infty}^{t} s(t)\,dt\right) \tag{7.19}$$

である．FM 検波器は入力信号の位相の時間微分を出力するから，検波器出力信号は

$$s_{\mathrm{out}}(t) = 2\pi \Delta f \cdot s(t) \tag{7.20}$$

となる．したがって，検波器出力の信号電力は次式のようになる．

$$P_{s,\mathrm{out}} = (2\pi \Delta f)^2 \overline{s^2(t)} \tag{7.21}$$

b．FM 検波器出力の雑音電力

FM 検波器出力の雑音電力を求めることはかなり難しい．そこで，FM 波が無変調である（すなわち $\Delta f = 0$）ものとして，検波器出力雑音を求めることにする．

BPF 入力雑音は，全ての周波数にわたって電力スペクトル密度が一定値 $N_0/2$ を有する白色雑音であるものとする．検波器入力雑音 $n_{\mathrm{in}}(t)$ は，帯域幅 B の帯域通過雑音であるから，式 (4.57) で表せる．$n_{\mathrm{in}}(t)$ の同相成分 $n_c(t)$ と直交成分 $n_s(t)$ は，図 7.6 に示すように，電力スペクトル密度が一定値 N_0 で，周波数 $[-B/2, B/2]$ に帯域制限された雑音になる（このことは 4.11 節から導かれる）．

入力 $x(t)$ は，次式に示すように FM 波 $g_{\mathrm{FM}}(t)$ と帯域通過雑音 $n_{\mathrm{in}}(t)$ との和である．

$$\begin{aligned}
x(t) &= A_c \cos(2\pi f_c t) + n_{\mathrm{in}}(t) \\
&= A_c \cos(2\pi f_c t) + \{n_c(t)\cos(2\pi f_c t) - n_s(t)\sin(2\pi f_c t)\} \\
&= \{A_c + n_c(t)\}\cos(2\pi f_c t) - n_s(t)\sin(2\pi f_c t) \\
&= A(t)\cos(2\pi f_c t + \phi(t))
\end{aligned} \tag{7.22}$$

ここで

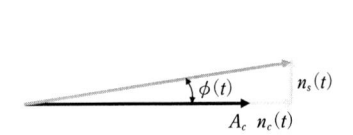

図 7.7 検波器入力のベクトル表示

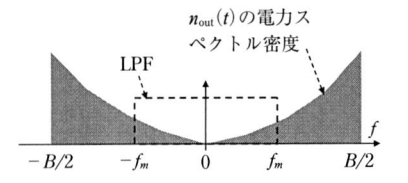

図 7.8 FM検波器出力雑音の電力スペクトル密度

$$\begin{cases} A(t) = \sqrt{(A_c + n_c(t))^2 + n_s^2(t)} \\ \phi(t) = \tan^{-1}\left[\dfrac{n_s(t)}{A_c + n_c(t)}\right] \end{cases} \quad (7.23)$$

無変調信号と雑音の和をベクトル表示したのが図7.7である．信号振幅 A_c が充分大きいとき，$\phi(t)$ は次式のように近似できる．

$$\phi(t) \approx \frac{n_s(t)}{A_c} \quad (7.24)$$

FM検波器は位相 $\phi(t)$ の時間微分（すなわち瞬時角周波数）を出力する．したがって，検波器出力の雑音 $n_{\text{out}}(t)$ は次式のように表せる．

$$n_{\text{out}}(t) = \frac{d}{dt}\phi(t) \approx \frac{1}{A_c}\frac{d}{dt}n_s(t) \quad (7.25)$$

検波器出力雑音 $n_{\text{out}}(t)$ の電力スペクトル密度 $P_n(f)$ は，フーリエ変換の微分の性質を利用すると，次式で与えられる．

$$P_n(f) = \frac{(2\pi f)^2}{A_c^2} N_0, \quad |f| \leq B/2 \quad (7.26)$$

図7.8のように，FM検波器出力雑音の電力スペクトルは帯域 $[-B/2, B/2]$ に広がっている．ところで，$B = 2f_m(m_{\text{FM}} + 1)$ であるから，FM検波器出力雑音の帯域幅は信号の帯域幅 $2f_m$ より広い．そこで，低域通過フィルタ（LPF）を用いて，周波数が f_m 以上の雑音成分を遮断することが必要である．LPF出力の雑音電力は次式のようになる．

$$P_{n,\text{out}} = \int_{-f_m}^{f_m} P_n(f)\,df = \frac{2}{3A_c^2}(2\pi f_m)^2(f_m N_0) \quad (7.27)$$

c．検波器出力の S/N

検波器出力の S/N は次式のようになる．

7.4 FM検波の S/N

$$(S/N)_{\text{out}} = \frac{P_{s,\text{out}}}{P_{n,\text{out}}} = \frac{3A_c^2}{2} m_{\text{FM}}^2 \frac{\overline{s^2(t)}}{f_m N_0} \tag{7.28}$$

FM検波器出力の S/N を，検波器入力の S/N を用いて表す．FM検波器入力の信号電力 $P_{s,\text{in}}$ および雑音電力 $P_{n,\text{in}}$ はそれぞれ

$$\begin{cases} P_{s,\text{in}} = A_c^2/2 \\ N_{n,\text{in}} = N_0 B = 2f_m(m_{\text{FM}}+1)N_0 \end{cases} \tag{7.29}$$

である．したがって次式を得る．

$$(S/N)_{\text{out}} = 3m_{\text{FM}}^2 \overline{s^2(t)} \frac{P_{s,\text{in}}}{f_m N_0} = 6m_{\text{FM}}^2(m_{\text{FM}}+1)\overline{s^2(t)} \frac{P_{s,\text{in}}}{N_{n,\text{in}}}$$
$$\approx 6m_{\text{FM}}^3 \overline{s^2(t)} (S/N)_{\text{in}} \tag{7.30}$$

出力と入力の S/N の比を FM 検波利得と呼ぶ．FM 検波利得は

$$\frac{(S/N)_{\text{out}}}{(S/N)_{\text{in}}} \approx 6m_{\text{FM}}^3 \overline{s^2(t)} \tag{7.31}$$

となり，FM変調指数を大きくすればするほど，より大きなFM検波利得が得られる．

FM検波とAM包絡線検波の S/N を比較する．検波器入力の信号電力 $P_{s,\text{in}}$ および雑音電力スペクトル密度 N_0 が与えられたときの検波器出力 S/N をまとめて示すと次式のようになる．

$$(S/N)_{\text{out}} = \begin{cases} \dfrac{m_{\text{AM}}^2 \overline{s^2(t)}}{1 + m_{\text{AM}}^2 \overline{s^2(t)}}\left(\dfrac{P_{s,\text{in}}}{f_m N_0}\right), & \text{AM} \\ 3m_{\text{FM}}^2 \overline{s^2(t)}\left(\dfrac{P_{s,\text{in}}}{f_m N_0}\right), & \text{FM} \end{cases} \tag{7.32}$$

変調信号 $s(t)$ が周波数 f_m の余弦波であるとき，$\overline{s^2(t)} = 1/2$ であるから

$$(S/N)_{\text{out}} = \begin{cases} \dfrac{m_{\text{AM}}^2}{2 + m_{\text{AM}}^2}\left(\dfrac{P_{s,\text{in}}}{f_m N_0}\right), & \text{AM} \\ \dfrac{3}{2} m_{\text{FM}}^2 \left(\dfrac{P_{s,\text{in}}}{f_m N_0}\right), & \text{FM} \end{cases} \tag{7.33}$$

である．ところで，AM では $m_{\text{AM}} \leqq 1$ でなければならないから

$$(S/N)_{\text{out}} \leqq \frac{1}{3}\left(\frac{P_{s,\text{in}}}{f_m N_0}\right), \quad \text{AM} \tag{7.34}$$

となる．一方，FM では m_{FM} をいくらでも大きくできるから，出力 S/N には上限はない．したがって検波器入力の信号電力が同じであれば，FM が AM より検波器出力 S/N を大きくできることになる．ただし

$$B = \begin{cases} 2f_m, & \text{AM} \\ 2f_m(m_{\text{FM}}+1), & \text{FM} \end{cases} \tag{7.35}$$

であるから，FM の帯域幅は AM より広い．

7.5 エンファシス

FM 検波では微分という操作が行われるから，雑音の高域成分を強調してしまう．一方，音声は低い周波数成分（1 kHz あたり）に電力が集中している．雑音の高域成分が強調されると，その周波数における信号対雑音電力比が低下してしまう．これを避けるため，図 7.9 のように，送信側で信号の高域成分を強調するプレ・エンファシスフィルタを，受信側で高域成分を抑圧するデ・エンファシスフィルタを用いる．このようにすれば，変調信号成分については変調と検波を含む伝送路の総合の周波数伝達関数は一定に保つことができる．一方，雑音成分については FM 検波によってその高域成分が強調されても，デ・エンファシスフィルタによって雑音成分の電力スペクトルを周波数に関係なくほぼ平坦に保つことができる．

プレ・エンファシスフィルタおよびデ・エンファシスフィルタには以下のような伝達関数を持つフィルタが用いられている．

$$\begin{cases} H_{\text{PE}}(f) = 1 + j(f/f_0) \\ H_{\text{DE}}(f) = \dfrac{1}{H_{\text{PE}}(f)} = \dfrac{1}{1+j(f/f_0)} \end{cases} \tag{7.36}$$

(a) プレ・エンファシス　　　(b) デ・エンファシス

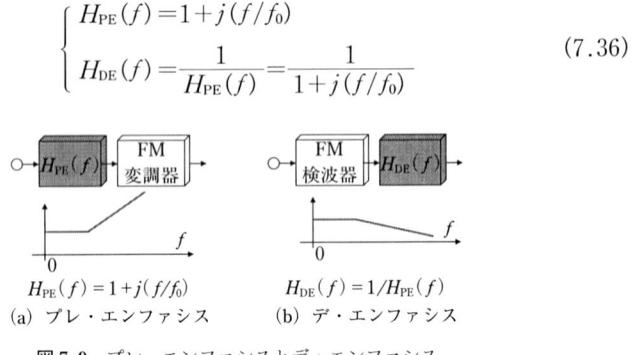

図 7.9　プレ・エンファシスとデ・エンファシス

演習問題

7.1 周波数変調（FM）波は $g_{FM}(t) = A_c \cos\left(2\pi f_c t + 2\pi \Delta f \int_{-\infty}^{t} s(t)\,dt\right)$ のように表せる．$s(t)$ は変調信号である．$s(t) = \cos(2\pi f_m t)$ であるとき，以下の問に答えよ．ただし，A_c は振幅，f_c は搬送波周波数，Δf は最大周波数偏移である．

(1) FM変調指数 $m_{FM}\,(=\Delta f/f_m)$ が充分小さいとき，$g_{FM}(t)$ の近似式を求めよ．また，このときの $g_{FM}(t)$ の周波数スペクトル密度 $G_{FM}(f)$ を図示せよ．ただし，$a \ll 1$ のとき $\sin a \approx a$, $\cos a \approx 1$ であることを用いよ．

(2) 振幅変調（AM）波は $A_c[1+m_{AM}s(t)]\cos(2\pi f_c t)$ のように表せる．(1)で求めたFM波の周波数スペクトル密度 $G_{FM}(f)$ とAM波の周波数スペクトル密度 $G_{AM}(f)$ との違いについて述べよ．

7.2 図のようなFM受信機がある．変調信号が $s(t) = \cos(2\pi f_m t)$ であるときのFM波は

$$g_{FM}(t) = A_c \cos(2\pi f_c t + m_{FM} \sin(2\pi f_m t))$$

のように表せる．$f_m = 1\,\text{kHz}$, $m_{FM} = 10$, 受信FM波の電力が $P_s = -110\,\text{dBW}$（ただし $0\,\text{dBW} = 1\,\text{W}$）であるときのFM検波器出力の S/N を求めよ．

ただし，増幅器の電力利得は $G = 15\,\text{dB}$ で雑音指数は $F = 6\,\text{dB}$，フィルタは帯域幅 $B = 2f_m(m_{FM}+1)$ の理想帯域通過フィルタである．また，雑音は両側電力スペクトル密度 $N_0/2$ が $kT/2$ (Watt/Hz) の白色雑音である．$k = 1.38 \times 10^{-23}$ Joule/K はボルツマン定数，T は絶対温度で表した周囲温度で $T = 300\,\text{K}$ とする．$\log_{10} 1.38 = 0.14$, $\log_{10} 1.5 = 0.176$, $\log_{10} 3 = 0.477$ である．

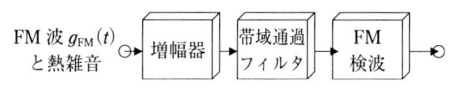

問題 7.2

8 標本化定理とパルス振幅変調

　時間連続波形 $g(t)$ を等時間間隔で標本化して得られる標本系列を伝送したとき，受信側でもとの時間連続波形 $g(t)$ に復元できるだろうか？　これに答えを与えるのが標本化定理（sampling theorem）である．第 8 章では標本化定理とこの理論をもとにしたパルス振幅変調（pulse amplitude modulation：PAM）について学ぶ．

8.1　標本化定理

　標本化定理とは『周波数 f_m Hz 以上の周波数成分を持たないように帯域制限された信号波形は，$T = 1/(2f_m)$ 秒より短い周期でそれを標本化して得られる標本系列によって一義的に決定できる』というものである．標本化過程を示したのが図 8.1 である．周波数 $[-f_m, f_m]$ に帯域制限された信号 $g(t)$ を周期 T で標本化する瞬時標本化を考える．瞬時標本化とは，周期 T のインパルス系列 $p_s(t)$ と $g(t)$ との積変調のことである．

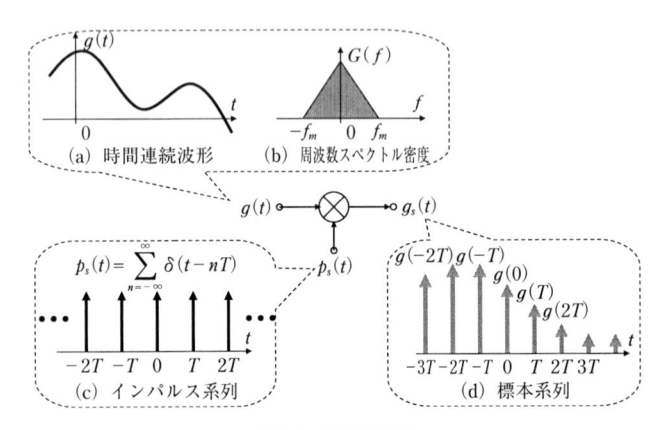

図 8.1　標本化過程

標本系列 $g_s(t)$ は

$$g_s(t) = g(t)\,p_s(t) = \sum_{n=-\infty}^{\infty} g(nT)\,\delta(t-nT) \quad (8.1)$$

である．

フーリエ変換の畳み込みの性質を利用して，標本系列の周波数スペクトル密度 $G_s(f)$ を求めてみよう．2つの時間関数の積のフーリエ変換は，それぞれの関数のフーリエ変換の畳み込みになる．標本系列 $g_s(t)$ の周波数スペクトル密度 $G_s(f)$ は次式のようになる．

$$G_s(f) = F[g_s(t)] = F[g(t)\,p_s(t)] = G(f) \otimes F[p_s(t)] \quad (8.2)$$

ここで

$$p_s(t) = \sum_{n=-\infty}^{\infty} \delta(t-nT) \quad (8.3)$$

である．

a．インパルス系列 $p_s(t)$ のフーリエ変換

$p_s(t)$ は周期 T の周期関数であるから，フーリエ級数で表すことができる．フーリエ係数を F_n とすれば

$$p_s(t) = \sum_{n=-\infty}^{\infty} F_n \exp(j2\pi(n/T)t) \quad (8.4)$$

ここで，デルタ関数の性質より

$$F_n = (1/T)\int_{-T/2}^{T/2}\delta(t)\exp(-j2\pi(n/T)t)\,dt = (1/T)\lim_{\varepsilon\to 0}\int_{-\varepsilon}^{\varepsilon}\delta(t)\,dt = 1/T \quad (8.5)$$

となる．これより，次式を得る．

$$p_s(t) = (1/T)\sum_{n=-\infty}^{\infty}\exp(j2\pi(n/T)t) \quad (8.6)$$

このフーリエ変換は

$$F[p_s(t)] = (1/T)\sum_{n=-\infty}^{\infty} F[\exp(j2\pi(n/T)t)] \quad (8.7)$$

であるが，式 (3.7) より

$$P_s(f) = F[\exp(j2\pi(n/T)t)] = \delta(f-n/T) \quad (8.8)$$

であるので

$$P_s(f) = (1/T)\sum_{n=-\infty}^{\infty}\delta(f-n/T) \quad (8.9)$$

$$p_s(t) = \sum_{n=-\infty}^{\infty} \delta(t-nT) \qquad P_s(f) = (1/T)\sum_{n=-\infty}^{\infty} \delta(f-n/T)$$

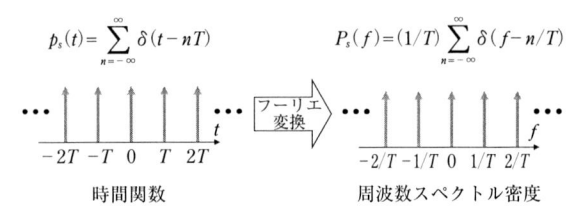

図 8.2 インパルス系列の周波数スペクトル密度

が得られる．すなわち，インパルス系列の周波数スペクトル密度もまた，インパルス系列になる．この様子を図示したのが，図 8.2 である．

b. 標本系列の周波数スペクトル密度

インパルス系列の周波数スペクトル密度はインパルス系列であるから，標本系列の波形 $g_s(t)$ の周波数スペクトル密度 $G_s(f)$ は次式のようになる．

$$G_s(f) = F[g_s(t)] = G(f) \otimes F[p_s(t)] = (1/T)\sum_{n=-\infty}^{\infty} G(f-n/T) \tag{8.10}$$

この様子を図示したのが図 8.3 である．波形 $g(t)$ の周波数スペクトル $G(f)$ が $1/T$ ごとの周波数位置にシフトすることになる．もし，標本化間隔を $T \leq$

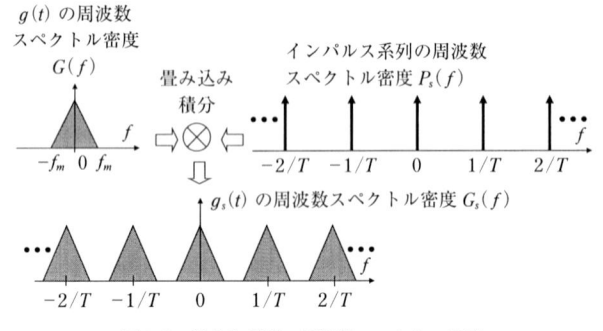

図 8.3 標本化系列の周波数スペクトル密度

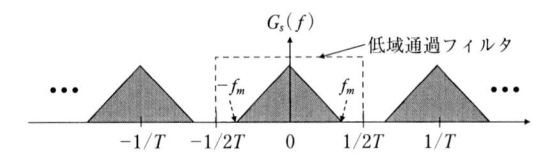

図 8.4 $T \leq 1/(2f_m)$ のときの標本化系列の周波数スペクトル密度

$1/(2f_m)$ に選べば，図 8.4 のように標本系列の周波数スペクトル $G_s(f)$ に重なりは発生しない．標本化間隔 T をこのように選べば，もとのアナログ信号波形の周波数スペクトル $G(f)$ はそのまま保存されることになるから，もとの波形 $g(t)$ を復元できる．$T=1/(2f_m)$ をナイキスト間隔，$2f_m$ をナイキスト周波数という．

8.2 パルス振幅変調（PAM）

周波数 f_m 以下に帯域制限された信号波形 $g(t)$ を周期 $T \leq 1/(2f_m)$ で瞬時標本化して得られた標本系列の波形

$$g_s(t) = g(t)\,p_s(t) = \sum_{n=-\infty}^{\infty} g(nT)\,\delta(t-nT)$$

が PAM 信号であり，T 秒ごとにしか値を持たない離散時間信号である．これを通信路を介して送信する．受信側では，どのようにすれば元の信号 $g(t)$ を復元できるだろうか？ PAM 信号の周波数スペクトル密度は図 8.4 に示されている．零周波数を中心とした周波数成分がもとの信号 $g(t)$ の周波数成分である．したがって，帯域幅が $1/(2T)$ の低域通過フィルタを用いればもとの信号の周波数成分のみを取り出せるから，PAM 信号からもとの信号 $g(t)$ を完全に復元（復調）できる．

PAM 信号の復調を時間領域で考える．低域通過フィルタの出力 $\tilde{g}(t)$ を，フィルタの伝達関数 $H(f)$ のフーリエ変換であるインパルス応答 $h(t)$ を用いて表すと

$$\tilde{g}(t) = \int_{-\infty}^{\infty} g_s(\tau)\,h(t-\tau)\,d\tau \tag{8.11}$$

であるが，式 (8.1) で示したように $g_s(t)$ は $t=nT$ でしか値を持たない時間離散信号である．したがって

$$\tilde{g}(t) = \sum_{n=-\infty}^{\infty} g(nT)\,h(t-nT) \tag{8.12}$$

である．ここで，理想低域通過フィルタの伝達関数 $H(f)$ は

$$H(f) = \begin{cases} 1, & |f| \leq 1/(2T) \\ 0, & その他 \end{cases} \tag{8.13}$$

であるから，$h(t)$ は次式のようになる．

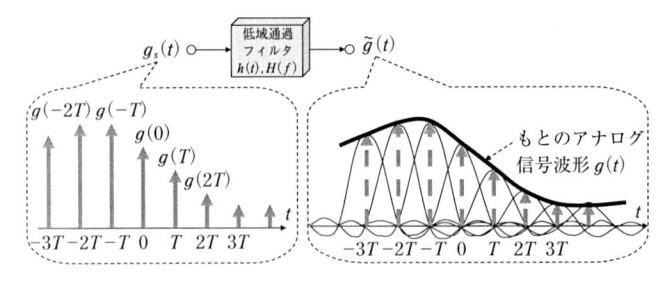

図 8.5 低域通過フィルタ出力

$$h(t) = \frac{1}{T} \frac{\sin(\pi t/T)}{\pi t/T} \tag{8.14}$$

これより

$$\tilde{g}(t) = \frac{1}{T} \sum_{n=-\infty}^{\infty} g(nT) \frac{\sin(\pi(t/T-n))}{\pi(t/T-n)} \tag{8.15}$$

となる．この関係を時間領域で示したのが図 8.5 である．

[例題 8.1] 式 (8.15) の $\tilde{g}(t)$ がもとの時間波形 $g(t)$ に比例することの証明
[解]
$g(t)$ のフーリエ変換が $G(f)$ であることから

$$\begin{cases} G(f) = \int_{-\infty}^{\infty} g(t)\exp(-j2\pi ft)\,dt \\ g(t) = \int_{-\infty}^{\infty} G(f)\exp(j2\pi ft)\,df \end{cases} \tag{8.16}$$

である．ところで，$G(f)$ の周波数成分は $|f_m|$ Hz 以下にしか存在しない．標本化周期を $T \leq 1/(2f_m)$ に選んでいるから，$[-1/(2T), 1/(2T)]$ 以外の周波数領域では $G(f)=0$ である．そこで，$G(f)$ を周波数領域における周期 $1/T$ の周期関数であるとみなしても，周波数領域 $[-1/(2T), 1/(2T)]$ を考える限り問題ない．したがって，$G(f)$ をフーリエ級数で表すことができて

$$\begin{cases} G(f) = \sum_{m=-\infty}^{\infty} G_m \exp(j2\pi mfT) \\ G_m = T\int_{-1/(2T)}^{1/(2T)} G(f)\exp(-j2\pi mfT)\,df \end{cases} \tag{8.17}$$

となる．ところが，$[-1/(2T), 1/(2T)]$ 以外の周波数領域では $G(f)=0$ であることから，式 (8.17) の積分範囲を拡張すると G_m は次のようになる．

$$G_m = T\int_{-\infty}^{\infty}\int_{-\infty}^{\infty} g(t)\exp(-j2\pi f(t+mT))\,df dt$$
$$= T\int_{-\infty}^{\infty} g(t)\delta(t+mT)\,dt = Tg(-mT) \tag{8.18}$$

$G(f)$ の周波数範囲に注意して，$G(f)$ のフーリエ級数を $g(t)$ の逆フーリエ変換に

代入すると

$$g(t) = \int_{-1/(2T)}^{1/(2T)} G(f) \exp(j2\pi ft)\, df$$
$$= \sum_{m=-\infty}^{\infty} G_m \frac{\sin \pi(t/T+m)}{\pi(t+mT)} = \sum_{m=-\infty}^{\infty} g(-mT) \frac{\sin \pi(t/T+m)}{\pi(t/T+m)}$$
$$= \sum_{n=-\infty}^{\infty} g(nT) \frac{\sin \pi(t/T-n)}{\pi(t/T-n)} \qquad (8.19)$$

となる．式 (8.15) と式 (8.19) を見比べると

$$\tilde{g}(t) = \frac{1}{T} g(t) \qquad (8.20)$$

が得られる．

演 習 問 題

8.1 周波数 $[-f_m, f_m]$ に帯域制限された波形 $g(t)$ を周期 T のパルス系列波形 $p_s(t)$ で瞬時標本化する．標本化操作は $g(t)$ と $p_s(t)$ との積であるとする．ただし，パルス幅は τ で高さは $1/\tau$ である．次の問に答えよ．

(1) パルス系列波形 $p_s(t)$ をフーリエ級数展開することにより，標本系列の波形 $g_s(t)$ の周波数スペクトル密度 $G_s(f)$ を求めよ．ただし，$g(t)$ の周波数スペクトル密度を $G(f)$ とする．

(2) 標本系列の波形 $g_s(t)$ を理想低域通過フィルタに入力し，もとの波形 $g(t)$ を復元したい．標本化周期 T および理想低域通過フィルタの帯域幅 B をどのように選べばよいか．

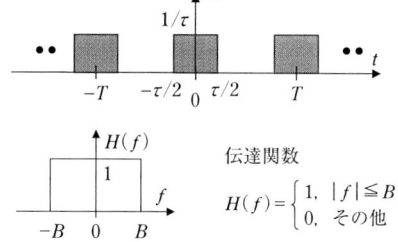

問題 8.1

8.2 周波数 $[-f_m, f_m]$ に帯域制限された波形 $g(t)$ を周期 T で瞬時標本化し，次の標本化時点まで保持する．このような標本化はサンプル・ホールドと呼ばれる．以下の問に答えよ．

(1) このような標本化操作で得られる波形 $\tilde{g}_s(t)$ の周波数スペクトル密度 $\tilde{G}_s(f)$ を求めよ．ただし，$g(t)$ の周波数スペクトル密度を $G(f)$ とする．

(2) もとの波形 $g(t)$ を復元するために必要な標本化周波数 f_s をどのように選べばよいか答えよ．

(3) ひずみなく復元するための受信フィルタの伝達関数 $H(f)$ を求めよ．

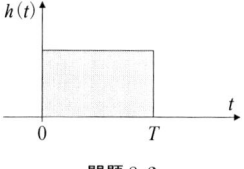

問題 8.2

(ヒント) このような標本化操作は次のように考えることができる．まず，$g(t)$ を周期 T で瞬時標本化する．この標本系列の波形は $g_s(t) = \sum_{n=-\infty}^{\infty} g(t)\delta(t-nT)$ のように表せる．これを次のようなインパルス応答 $h(t)$ を持つフィルタに入力すれば，その出力が目的の波形 $g_s(t)$ になる．

$$h(t) = \begin{cases} 1, & 0 \leq t < T \\ 0, & それ以外 \end{cases}$$

8.3
(1) 時間区間 $[-\tau/2, \tau/2]$ に制限された任意の信号 $g(t)$ の周波数スペクトルは，周波数領域において一定周波数間隔で標本化された標本系列を用いて完全に復元できる．この周波数領域における標本化定理を導き，標本化周波数間隔（Hz）を求めよ．
(2) 完全にもとの時間波形 $g(t)$ を復元するために必要な，時間領域で定義したフィルタを求めよ．

問題8.3

8.4 次のような正弦波信号 $s(t)$ がある．$s^2(t)$ のナイキスト周波数を求めよ．
$$s(t) = A\cos(4\pi t), \quad -\infty < t < \infty$$

9 パルス符号変調（PCM）

9.1　PCM 伝送方式

　連続値を持つ信号（アナログ信号）を送信するとき，アナログ伝送という．一方，アナログ信号をナイキスト周波数で標本化し，2進数（0, 1）で表される符号に変換して伝送することをディジタル伝送という．ディジタル伝送の代表例はPCM伝送である．2進符号はパルスのオンおよびオフで表される．以下では，アナログ信号を2進数（0, 1）で表される符号に変換する方法とPCM伝送について述べる．

　PCM伝送システムを図9.1に示す．PCMの送信機は標本化，量子化と符号化の3つの機能を持っている．標本化，量子化と符号化はアナログ/ディジタル（A/D）変換器といわれる回路で実行される．受信機は復号器といわれる回路（D/A変換器が用いられる）でもとのアナログ信号に戻される．

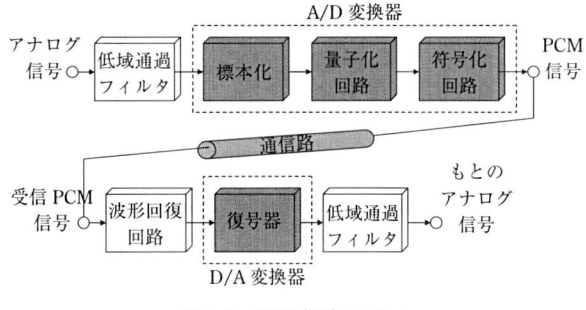

図 9.1　PCM 伝送システム

9.2 量子化と符号化

連続値を持つアナログ信号をいくつかの離散値で表すことを量子化という．量子化された標本値を2進符号で表すことを符号化という．

a． 8レベル量子化と3ビット符号化

3ビット量子化の例を表9.1に示す．1つの標本は3ビットで表され，これをワードと呼ぶ．音声信号の電圧値が0から7ボルトの範囲にあるものとする．そして連続的な電圧値を持つ音声信号を8レベル（すなわち，0, 1, 2, …, 7）に量子化し，符号化することを考える．8通りの電圧値は3ビットで表せるから，0をパルスのオフ，1をパルスのオンで表して3ビットPCM伝送

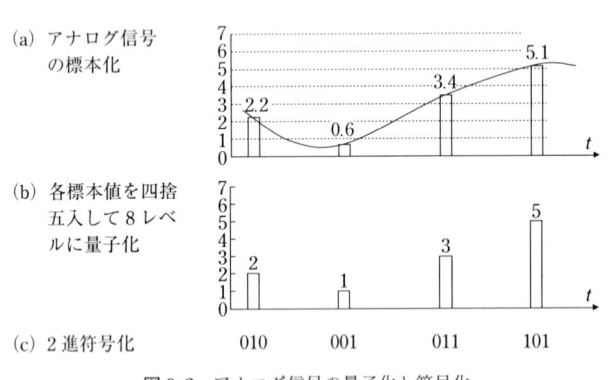

図9.2 アナログ信号の量子化と符号化

表9.1 3ビット量子化

10進の電圧値	2進符号
7	111
6	110
5	101
4	100
3	011
2	010
1	001
0	000

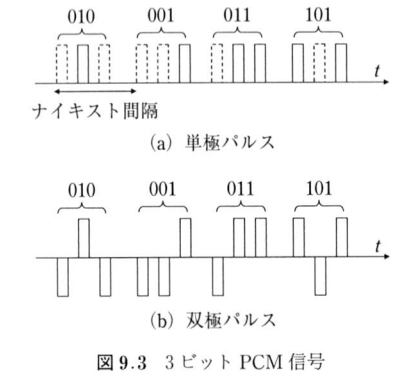

図9.3 3ビットPCM信号

することができる．これをもう少し詳しく説明したのが図9.2である．

PCMパルスには単極パルスと双極パルスの2種類がある．これを図9.3に示す．単極パルスでは，"0"と"1"をそれぞれ零または正のパルスで表す．双極パルスでは，"0"と"1"をそれぞれ正と負のパルスで表す．

b. 正負電圧値を持つ標本値の量子化と符号化

正負の電圧値を持つ標本値の量子化と符号化について説明しよう．標本値を1ボルトごとの8個の電圧値 $v=-3, -2, -1, 0, 1, 2, 3, 4$ ボルトへ量子化し，量子化された電圧を3ビットの2進符号へ符号化する例を図9.4に示す．量子化ステップサイズは1ボルトである．標本の電圧が $[v-0.5, v+0.5]$ の範囲にあるとき，量子化電圧は v ボルトである（ただし，$v=-3\sim+4$）．したがって，標本の電圧値が2.7ボルトであるとすれば，これを量子化すると $v=+3$ ボルトになるのでレベル6になる．これを3ビットの2進符号へ符号化すれば110になる．

c. A/D変換器

標本化，量子化と符号化を行う回路がA/D変換器である．量子化ステップ

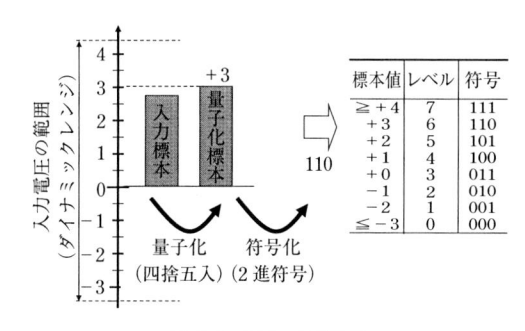

図9.4 3ビット符号化

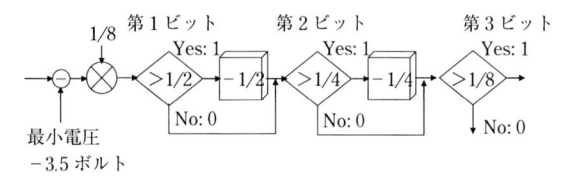

図9.5 ダイナミックレンジ8ボルトの3ビットA/D変換器

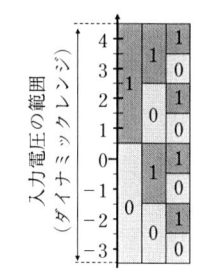

図9.6 入力電圧と3ビット符号の関係

が1ボルトであるとする．正負の電圧値を持つアナログ標本を8レベルの電圧値 [−3, −2, −1, 0, 1, 2, 3, 4] へ量子化し，3ビット符号へ符号化するA/D変換器を図9.5に示す．量子化ダイナミックレンジは8ボルトで，入力電圧範囲は [−3.5ボルト，+4.5ボルト] である．入力電圧と3ビット符号との関係を示したのが図9.6である．もし，入力電圧が [−0.5ボルト，+0.5ボルト] の範囲内にあれば，"0ボルト"へ量子化され，3ビット符号は"011"となる．

9.3　量 子 化 雑 音

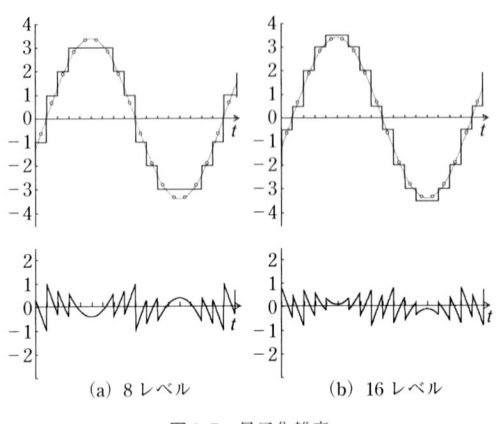

量子化雑音とは原信号標本値（連続値）と量子化標本値との差のことであり，PCMでは避けられない雑音である．図9.7に量子化雑音の例を示す．

量子化レベル数を大きくすれば量子化雑音は小さくなる．量子化雑音を低減させる最も単純な方法は，量子化ステップサイズを細かくする

(a) 8レベル　　(b) 16レベル

図9.7　量子化雑音

（量子化レベル数を増やす）ことである．電話回線で伝送される音声波形の場合，8 kHzで標本化し，128レベルに量子化したあと，7ビット符号へ符号化する．128レベル（7ビット符号化）の代わりに512レベル（9ビット符号化）を用いれば量子化雑音は小さくなる．しかし，電話音声の場合，8 kHzで標本化するので，9ビット符号へ符号化すると伝送レートが72 kbps（キロビット/秒）にもなってしまう．このように伝送レートの増大を招くことになる．量子化レベル数が同じであっても，量子化電圧範囲（ダイナミックレンジ）を狭めることができれば，量子化ステップサイズを細かくできるから量子化雑音を低減できる．このために用いられるのが，(1) 非線形量子化，(2) 適応量子化，(3) 予測符号化，のような量子化である．

9.4 非線形量子化

　標本値が大きいほど量子化ステップサイズを大きくするのが非線形量子化である．音声波形のように，変動幅が大きくかつ小振幅波形の出現確率が高い波形を量子化するときに用いられる．非線形量子化を実現するときに用いられるのが，入力値を圧縮する方法である．電話音声の伝送で用いられる log-PCM では，対数変換することによって標本値を圧縮してから，量子化する非線形量子化を採用している（図9.8）．受信側では復号した後，圧縮と逆の操作，すなわち伸張が行われる．

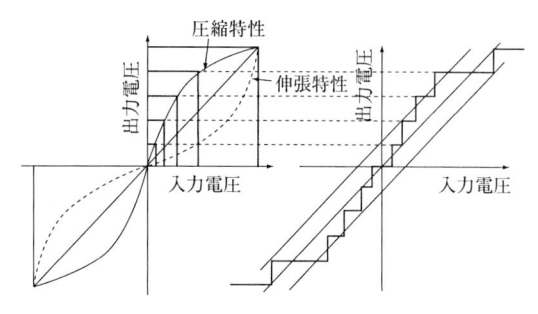

図 9.8　対数圧伸縮を用いる非線形量子化

9.5　線形予測符号化を用いる PCM 伝送

a．線形予測

　多くの信号波形は隣接標本間のみならず，さらに離れた標本間に相関があるので，図9.9のように一定区間の過去の標本系列から次の標本値を予測することができる．このとき用いられるのが線形予測（linear prediction）フィルタである．線形予測フィルタは図9.10のように有限インパルス応答フィルタ（finite impulse response：FIR）で構成できる．p 次の線形予測フィルタは次式で表される．

$$\hat{s}_n = \sum_{i=1}^{p} w_i s_{n-i} \tag{9.1}$$

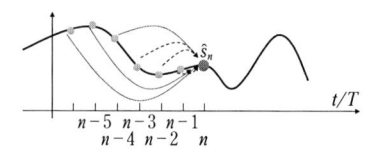

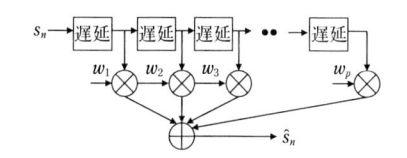

図 9.9　標本値の予測　　　　図 9.10　線形予測フィルタ

ここで，w_i は予測係数である．原標本値 s_n と予測値 $\hat{s}_n$ との差 e_n は予測誤差といわれ，次式で与えられる．

$$e_n = s_n - \hat{s}_n \tag{9.2}$$

予測誤差の平均 2 乗値を最小にするような予測係数が用いられる．

このような予測フィルタを用いたとき，量子化すればよいのは予測誤差であるから，量子化ダイナミックレンジを圧縮できる．

b．差分 PCM（DPCM）

$w_1 = 1$ の 1 次線形予測フィルタを用いる PCM が差分 PCM（differential PCM：DPCM）である．予測値は 1 標本化時間前の値になる．予測誤差は，現在の標本値と 1 つ前の標本値との差になる．この予測誤差 e_n を量子化して符号化する．これを線形予測符号化（linear prediction coding：LPC）という．予測の精度が高ければ，予測誤差は原信号の標本値に比べて変動範囲が小さいから，同じ量子化ビット数であれば量子化ダイナミックレンジを狭くできる．この結果，量子化ステップサイズを細かくすることができて，量子化誤差を小さくできる．また，量子化誤差を同じとするなら量子化ビット数を少なくすることができる．

DPCM 伝送を示したのが図 9.11 である．送信側で用いる 1 次線形予測値は

$$\hat{s}_n = s_{n-1} \tag{9.3}$$

である．原信号 s_n と予測値 $\hat{s}_n$ の差，すなわち予測誤差 e_n は

$$e_n = s_n - \hat{s}_n = s_n - s_{n-1} \tag{9.4}$$

である．これを量子化し，符号化して伝送する．予測誤差は信号の大きさより小さい．式 (9.4) より

$$e_n + \hat{s}_n = s_n \tag{9.5}$$

となることがわかる．そこで，受信側では受信した DPCM 信号を復号して誤

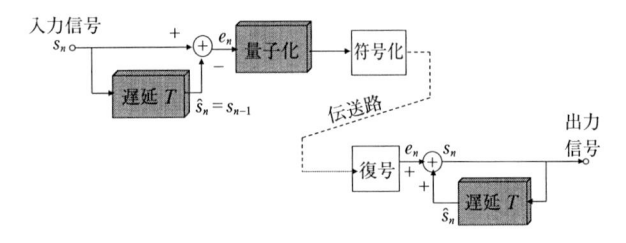

図 9.11　DPCM 伝送

差信号 e_n を得て，1 標本時間だけ遅延させた復号器出力 $\hat{s}_n(s_{n-1})$ と加算すれば，原信号 s_n が得られることになる．

c． 適応 DPCM（ADPCM）

適応 DPCM（adaptive DPCM：ADPCM）伝送を示したのが図 9.12 である．ADPCM では量子化誤差を低減するため以下の適応技術を採用している．

- 予測誤差の平均 2 乗値を最小とする線形予測係数を用いる適応線形予測
- 誤差の大きさの変化に適応して量子化ステップサイズを変える適応量子化

適応線形予測器の出力を $\hat{s}_n$ とすると，予測誤差 $e_n = s_n - \hat{s}_n$ を適応量子化し，符号化して伝送する．ここで，式 (9.5) のように $s_n = \hat{s}_n + e_n$ という関係があるので，送信する予測誤差 e_n と予測値 s_n との和を用いて適応予測する．線形予測係数を予測誤差 e_n の平均 2 乗値を最小とする適応アルゴリズムを用いて決定する．さまざまな適応アルゴリズムがあるが，本書の範囲を超えるので説明を省略する．受信側でも式 (9.5) の関係を用いて，伝送された予測誤差から原信号を得ることができる．

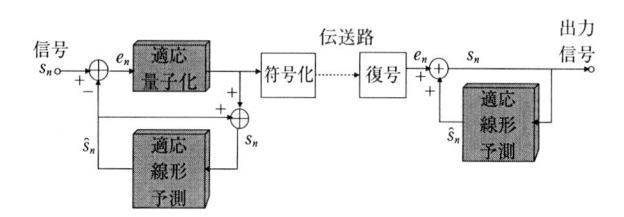

図 9.12　ADPCM 伝送

9.6　低ビットレート音声符号化

固定通信系では送信波形を忠実に符号化する波形符号化（PCM や ADPCM）が用いられる．一般の有線電話には 64 kbps の PCM が使われている．しかし，移動通信系では限られた無線帯域を有効に利用するため，できるだけビットレートを低くすることが必要である．移動通信系の音声符号化レートは固定通信系に比べてはるかに低ビットレートである．PHS（personal handy phone，第 14 章参照）では 32 kbps の ADPCM が使われているが，携

帯電話ではさらに低いビットレートの音声符号化が使われている．

　低ビットレート化すると一般に復号品質が低下する．移動通信系では，低いビットレートでも高い復号品質が得られる符号帳駆動線形予測（code excited linear prediction：CELP）符号化というハイブリッド符号化が用いられている．日本の携帯電話標準方式である PDC（personal digital cellular，第 14 章参照）ではフルレート音声符号化と呼ばれる 6.7 kbps の VSELP（vector sum excited linear prediction）やハーフレート音声符号化と呼ばれる 3.75 kbps の PSI-CELP（pitch synchronous innovation CELP）符号化が用いられている．一方，固定通信系でも CELP 符号化が用いられるようになった．インターネット電話には CS-ACELP（conjugate structure and algebraic CELP）が用いられていて，8 kbps という低いビットレートで電話品質を実現している．CELP 符号化については本書の内容を超えるので巻末の参考文献にゆずる．

演 習 問 題

9.1
- (1) 音声波形を PCM 伝送する．標本化周波数を 8 kHz とし，標本化レベル数が 128 の符号化を用いるものとする．さらに，標本を符号化して得られるパルスに 1 ビットの制御パルス（たとえば通信中に伝送したいダイアル信号など）を付け加えるものとする．このような PCM 伝送のビットレート（すなわち 1 秒間あたりのパルス数）を求めよ．
- (2) 上記のような PCM 信号を 24 チャネル時分割多重する．この時分割多重伝送のビットレートを求めよ．ただし，1 フレーム（125 μs：マイクロ秒）ごとに 1 ビットのフレーム同期パルスを挿入するものとする．

9.2 p 次の線形予測フィルタは次式で表される．

$$\hat{s}_n = \sum_{i=1}^{p} w_i s_{n-i}$$

ここで，s_n は原標本値，$\hat{s}_n$ は予測値，$\{w_i\,;\,i=1\sim p\}$ は予測係数である．予測誤差の平均 2 乗値を最小とする予測係数 $\{w_i\,;\,i=1\sim p\}$ を信号の自己相関関数を用いて表せ．

10 ディジタル変調

　送信メッセージが音声波形のようなアナログ波形の場合には，ナイキスト周波数で音声波形を標本化し，量子化，符号化して，符号"0"と"1"のディジタル符号系列に変換する．送信機では，このディジタル符号系列により搬送波を変調して通信路に送信する．このような変調をディジタル変調と呼ぶ．通信路には雑音（無線機の増幅器で発生する雑音も含む）が加わるから，受信機では，被変調波と雑音が受信される．そこで被変調波の周波数帯域以外の雑音をフィルタで除去し，被変調波からディジタル符号系列を取り出す処理を行う．これをディジタル復調という．第10章では，ディジタル変調とディジタル復調について学ぶ．

　アナログ変調とディジタル変調の違いは変調信号がアナログ信号なのかディジタル信号なのかであり，ディジタル変調の本質は振幅変調や周波数変調などのアナログ変調と同じである．しかし，ディジタル変調信号はある限られた値しか取り得ない離散波形であることから，ディジタル変調にはアナログ変調にはない特徴がある．

10.1 ディジタル伝送

　ディジタル符号"0"と"1"に対応したパルスをそのまま伝送するのが基底帯域（ベースバンド）伝送である．ベースバンド伝送における信号波形は零周波数付近の成分を持っている．ところが，現実の大部分の通信路は零周波数付近をほとんど伝送することができない帯域通信路である．アナログ電話回線（伝送帯域は 0.3〜3.4 kHz）や無線通信路はまさに帯域通信路である．このような通信路では，帯域通信路で伝送するのに最適な周波数の搬送波を用いて伝送する．これは搬送波帯域伝送と呼ばれ，ディジタル符号"0"と"1"で搬送波を変調する．

a． 基底帯域（ベースバンド）伝送

ベースバンド伝送で用いられるパルスには図 10.1 に示すようなものがある．これらは通信路符号（line code）と呼ばれる．オン・オフ符号，NRZ（non-return-to-zero）符号および RZ（return-to-zero）符号は直流成分を持つから，零周波数付近をほとんど伝送することができない帯域通信路では波形ひずみが発生してしまうので，このような伝送路には好ましくない．直流成分を持たない符号として AMI（alternate mark inversion）符号とマンチェスタ符号があるが，直流に近い周波数の成分を持っている．

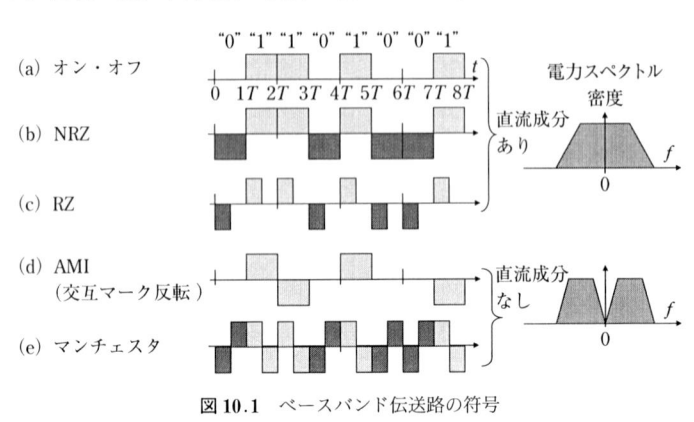

図 10.1　ベースバンド伝送路の符号

b． 搬送波帯域伝送

ディジタル信号（"0" と "1" のパルス系列）によって，高い周波数の搬送波を変調するのがディジタル変調である．こうすれば直流成分を伝送できない帯域通信路であってもディジタル信号を伝送できる．

高い周波数帯の搬送波（carrier wave）の振幅や位相に，送信情報を乗せるのが変調である．送信したい情報を表す信号 $s(t)$ を変調信号（modulating signal）といい，変調された信号を被変調信号（modulated signal）という．変調信号 $s(t)$ が，データ "0" または "1" を表すパルスであるときがディジタル変調である．搬送波をディジタル変調する方法には，アナログ変調と同じように 3 つある．

- ASK（amplitude-shift keying）：搬送波の振幅を変化させる
- FSK（frequency-shift keying）：搬送波の周波数を変化させる
- PSK（phase-shift keying）：搬送波の位相を変化させる

10.2 ディジタル変調器

被変調信号 $s(t)$ を次式のように,複素表現を用いて表すと便利である.

$$s(t) = A_c(t)\cos(2\pi f_c t + \theta(t))$$
$$= \mathrm{Re}[\{A_c(t)\exp(j\theta(t))\}\exp(j2\pi f_c t)] \quad (10.1)$$

ここで,$A_c(t)$ は振幅,$\theta(t)$ は位相,f_c は搬送波周波数である.式 (10.1) は

$$s(t) = A_c(t)\cos\theta(t)\cos(2\pi f_c t) - A_c(t)\sin\theta(t)\sin(2\pi f_c t)$$
$$(10.2)$$

となるので,$A_c(t) = A_c a(t)$ とおき

$$I(t) = a(t)\cos\theta(t), \qquad Q(t) = a(t)\sin\theta(t) \quad (10.3)$$

とおくと

$$s(t) = \mathrm{Re}[\{I(t)+jQ(t)\}A_c\exp(j2\pi f_c t)]$$
$$= A_c\{I(t)\cos(2\pi f_c t) - Q(t)\sin(2\pi f_c t)\} \quad (10.4)$$

のようになる.ただし,$E[|a(t)|^2]=1$ とする.$I(t)$ および $Q(t)$ は,それぞれディジタル被変調信号 $s(t)$ の同相成分 (in-phase component) および直交成分 (quadrature-phase component) と呼ばれる.$I(t)+jQ(t)$ はディジタル被変調波の等価低域表現と呼ばれ,ディジタル被変調信号 $s(t)$ を表現するときにしばしば用いられる.

送信する 2 値パルス系列 $\{a_n\}$ に応じて $I(t)$ と $Q(t)$ を変化させることにより,ディジタル被変調信号 $s(t)$ を発生できる.この考えに基づいて構成されたディジタル変調器を図 10.2 に示す.変調パルス生成器は,入力 2 値パルス系列 $\{a_n\}$ を 2 つのディジタル変調パルス系列 $\{I_k\}$ および $\{Q_k\}$ に変換

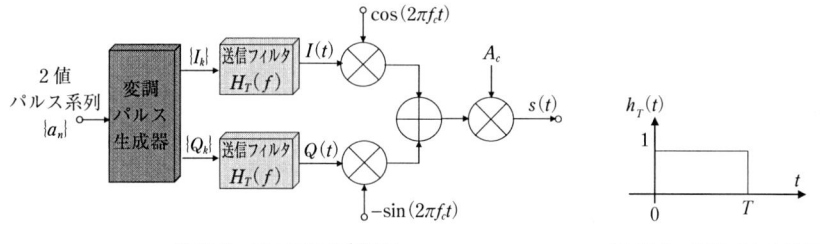

図 10.2 ディジタル変調器

図 10.3 矩形パルス応答

する．どのように変換するかは 10.3 節で説明する．送信フィルタは，パルス系列を連続時間波形に変換するフィルタである．

ディジタル変調パルスの発生間隔を T とすると，ディジタル被変調信号 $s(t)$ の等価低域表現は次式のように表される．

$$I(t)+jQ(t) = \sum_{k=-\infty}^{\infty} (I_k+jQ_k) h_T(t-kT) \qquad (10.5)$$

ここで，$E[|I_k|^2+|Q_k|^2]=1$，$h_T(t)$ は送信フィルタのインパルス応答である．ディジタル変調パルスの発生間隔 T の逆数は変調速度（modulation rate）と呼ばれる．また，I_k+jQ_k は送信シンボル（記号）と呼ばれ，複素数である．

送信フィルタの最も簡単なものは次式のようなインパルス応答 $h_T(t)$ を持つ低域通過フィルタである．

$$h_T(t) = \begin{cases} 1, & 0 \leq t < T \\ 0, & その他 \end{cases} \qquad (10.6)$$

これは，図 10.3 のような矩形パルス応答である．

10.3 被変調信号の波形

最も簡単なディジタル変調が 2 値変調である．ディジタル信号 "1" と "0" に対応させて搬送波の振幅，位相と周波数を変化させる 2 ASK，2 PSK と 2 FSK を考える．信号波形を図 10.4 に示す．便宜上，2 ASK と 2 PSK では搬送波周波数を $f_c=2/T$ に，2 FSK では $f_c=3/T$ に選んだが，実際には任意の周波数である．

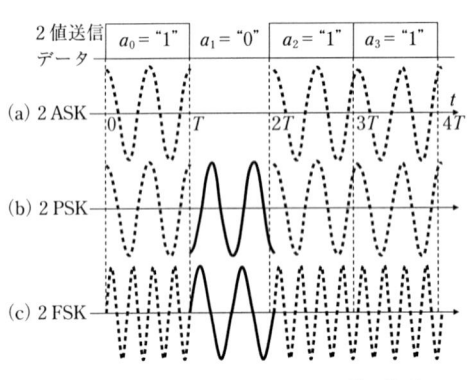

図 10.4　2 ASK，2 PSK と 2 FSK 波の波形

搬送波周波数に依存しない等価低域表現，$I(t)+jQ(t)$ を用いてディジタル被変調信号を表す．2 ASK，2 PSK と 2 FSK について，第 k ビット a_k を送信する時間区間 $kT \leq t < (k+1)T$ で $I(t)+jQ(t)$ を示すと以下のようになる．

1） 2 ASK

$$I(t)+jQ(t) = \begin{cases} 1+j0, & a_k=\text{"1"}\text{ のとき} \\ 0+j0, & a_k=\text{"0"}\text{ のとき} \end{cases} \quad (10.7)$$

なお，図 10.4 のように，$a_k=$"1" のとき出力あり（オン），"0" のとき出力なし（オフ）となることから，オン・オフ変調とも呼ばれる．

2） 2 PSK

$$I(t)+jQ(t) = \begin{cases} 1+j0, & a_k=\text{"1"}\text{ のとき} \\ -1+j0, & a_k=\text{"0"}\text{ のとき} \end{cases} \quad (10.8)$$

上式を式（10.4）に代入すると

$$s(t) = \begin{cases} A_c\cos(2\pi f_c t), & a_k=\text{"1"}\text{ のとき} \\ A_c\cos(2\pi f_c t+\pi), & a_k=\text{"0"}\text{ のとき} \end{cases} \quad (10.9)$$

であるので，搬送波の位相 $\Psi(t)$ は 0 と π のどちらかの位相しか取り得ない．

3） 2 FSK

2 FSK では，$a_k=$"1" のとき搬送波の周波数を Δf だけ高くし，$a_k=$"0" のとき Δf だけ低くする．$I(t)+jQ(t)$ は次式のようになる．

$$I(t)+jQ(t) = \exp j\theta(t) = \begin{cases} \exp(j2\pi\Delta f\cdot t), & a_k=\text{"1"}\text{ のとき} \\ \exp(-j2\pi\Delta f\cdot t), & a_k=\text{"0"}\text{ のとき} \end{cases} \quad (10.10)$$

時刻 $t=nT$ で位相が不連続であると被変調波のスペクトルが広がる．$2\Delta f\cdot T=m/2$ のときは位相連続になる．ただし，m は正の整数である．特に，$m=1$ のときは最小偏移変調（minimum shift keying：MSK）と呼ばれ，被変調信号のスペクトルの広がりが最も狭くなることが知られている．MSK の $\theta(t)$ の変化を図 10.5 に示す．

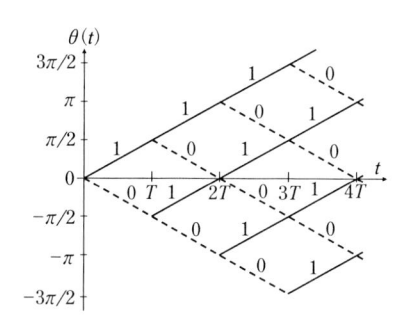

図 10.5 MSK の位相遷移

10.4 多値変調

2 PSK では取り得る位相は 0 と π で，それぞれディジタル信号 "1" と "0" に対応している．すなわち T 秒ごとに 1 ビットの伝送を行う．位相の数を M

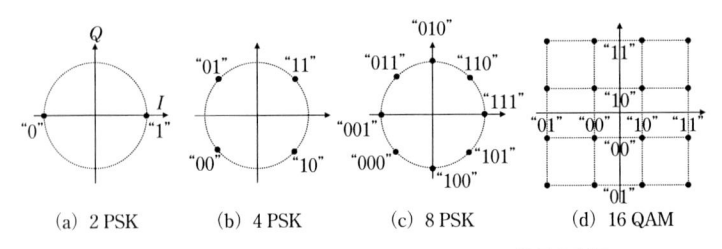

図 10.6 2 PSK，4 PSK，8 PSK と 16 QAM の信号点配置

個とすれば，T 秒間で $\log_2 M$ ビットの伝送ができる．$M \geqq 4$ であるのが，多値 PSK である．2 PSK，4 PSK と 8 PSK の送信シンボル $I_k + jQ_k$ の集合（これを信号点配置という）を図 10.6 に示す．4 PSK では取り得る位相は $(2m+1)\pi/4$（$m=0\sim3$）の 4 個である．T 秒間で 2 ビットを伝送できる．8 PSK では取り得る位相は $m\pi/4$（$m=0\sim7$）の 8 個であるので，T 秒間で 3 ビットを伝送できる．受信側では，送信された位相が何であったかを判定し，その結果に基づいて送信されたディジタル信号を得る．

図 10.3 の矩形応答パルスを持つ送信フィルタを用いるときについて，PSK の $I(t)$ と $Q(t)$ の波形を示したのが図 10.7 である．送信ビット系列は $\{a_n\} = \{1, 1, 0, 1, 0, 0\}$ である．2 PSK のときには常に $Q(t) = 0$ である．

T 秒間で 4 ビットを伝送する位相変調は 16 PSK である．取り得る位相点の数は 16 個であるので，隣り合う信号点間の位相差は $\pi/8$ しかない．送信された位相と異なる位相が送信されたと誤って判定してしまう確率（誤り率とい

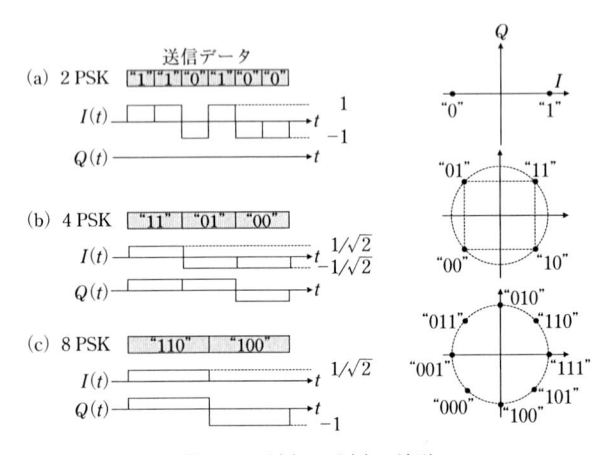

図 10.7 $I(t)$ と $Q(t)$ の波形

う）が高くなってしまう．そこで，図 10.6 (d) のように，隣接する信号点間の距離を長くするために位相だけでなく振幅も変化させるようにしたのが直交振幅変調（quadrature amplitude modulation：QAM）であり，16 個の信号点を用いるのが 16 QAM である．

10.5 被変調信号の周波数スペクトル密度

ディジタル被変調信号 $s(t)$ の周波数スペクトル密度 $S(f)$ を求める．$s(t)$ は式（10.4）のように表される．すなわち

$$s(t) = \mathrm{Re}[\{I(t)+jQ(t)\}A_c\exp(j2\pi f_c t)]$$
$$= A_c\{I(t)\cos(2\pi f_c t) - Q(t)\sin(2\pi f_c t)\}$$

ここで，$I(t)+jQ(t)$ は $s(t)$ の等価低域表現である．

$s(t)$ のフーリエ変換が $S(f)$ である．$S(f)$ は

$$S(f) = \int_{-\infty}^{\infty} s(t)\exp(-j2\pi ft)\,dt$$
$$= \frac{A_c}{2}[H_I(f-f_c) + H_I(f+f_c)] + j\frac{A_c}{2}[H_Q(f-f_c) - H_Q(f+f_c)]$$
$$= \frac{A_c}{2}[H_I(f-f_c) + jH_Q(f-f_c)] + \frac{A_c}{2}[H_I(f+f_c) - jH_Q(f+f_c)]$$

$$(10.11)$$

となる．ここで，$H_I(f)$ および $H_Q(f)$ はそれぞれ，$I(t)$ および $Q(t)$ のフーリエ変換であり

$$\begin{cases} H_I(f) = \displaystyle\int_{-\infty}^{\infty} I(t)\exp(-j2\pi ft)\,dt \\ H_Q(f) = \displaystyle\int_{-\infty}^{\infty} Q(t)\exp(-j2\pi ft)\,dt \end{cases} \quad (10.12)$$

となる．したがって，被変調信号の周波数スペクトル密度 $S(f)$ は，$I(t)$ および $Q(t)$ の周波数スペクトル密度を $\pm f_c$ だけ周波数シフトさせた成分から成り立っていることがわかる．

図 10.2 に示した直交変調器をみると，ディジタル変調は変調信号を $I(t)$ と $Q(t)$ とする AM 変調であるとみなすことができる．このことから被変調信号の周波数スペクトル密度 $S(f)$ を求めることができる．すなわち，$I(t)\cos(2\pi f_c t)$ の周波数スペクトル密度は，$(1/2)[H_I(f-f_c) + H_I(f+f_c)]$ とな

る．同じように $-Q(t)\sin(2\pi f_c t)$ についても周波数スペクトル密度を求めることができて，$(j/2)[H_Q(f-f_c)-H_Q(f+f_c)]$ となる．したがって，総合の周波数スペクトル密度は

$$\frac{A_c}{2}[H_I(f-f_c)+jH_Q(f-f_c)]+\frac{A_c}{2}[H_I(f+f_c)-jH_Q(f+f_c)]$$

となるのである．

1) 周波数 f_c を中心とする周波数スペクトル密度

被変調信号の等価低域表現である $I(t)+jQ(t)$ のフーリエ変換は

$$H(f)=H_I(f)+jH_Q(f) \tag{10.13}$$

である．式 (10.11) における周波数 f_c を中心とする周波数スペクトル密度は

$$Y(f)=H_I(f-f_c)+jH_Q(f-f_c)=H(f-f_c), \quad f>0 \tag{10.14}$$

のように表される．

2) 周波数 $-f_c$ を中心とする周波数スペクトル密度

式 (10.11) より

$$Y(f)=H_I(f+f_c)-jH_Q(f+f_c), \quad f<0$$

$f'=-f(f'>0)$ とおくと

$$Y(f)=H_I(f+f_c)-jH_Q(f+f_c)=H_I(-f'+f_c)-jH_Q(-f'+f_c) \tag{10.15}$$

となる．第2章で学んだように実関数 $I(t)$ および $Q(t)$ のフーリエ変換には次の性質

$$H_I(-f)=H_I^*(f), \quad H_Q(-f)=H_Q^*(f) \tag{10.16}$$

があることから，次式を得る．

$$\begin{aligned}Y(f)&=H_I(f+f_c)-jH_Q(f+f_c)=H_I^*(f'-f_c)-jH_Q^*(f'-f_c)\\&=[H_I(f'-f_c)+jH_Q(f'-f_c)]^*\\&=H^*(f'-f_c)=H^*(-f-f_c)\end{aligned} \tag{10.17}$$

以上より，被変調信号 $s(t)$ の周波数スペクトル密度 $S(f)$ は次式のように表せる．

$$S(f)=\frac{A_c}{2}[H(f-f_c)+H^*(-(f+f_c))], \quad -\infty<f<\infty \tag{10.18}$$

すなわち，被変調信号 $s(t)$ の周波数 $-f_c$ を中心とする周波数スペクトル密度は，搬送波周波数 f_c を中心とする周波数スペクトル密度を，零周波数を中心

10.5 被変調信号の周波数スペクトル密度

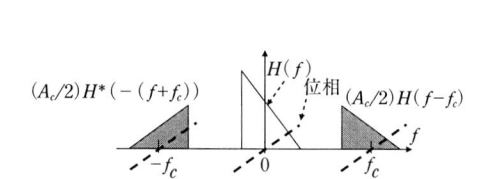

図 10.8 ディジタル被変調波の周波数スペクトル密度

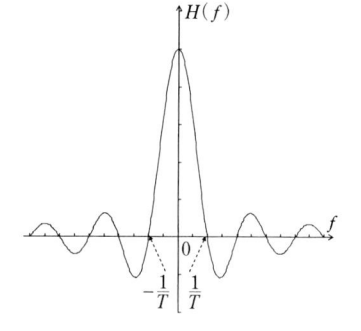

図 10.9 $H(f)$

として折り返して複素共役をとったものとなる．この関係を図 10.8 に示す．図中の点線は位相を表している．

被変調信号 $s(t)$ の等価低域表現は式（10.5）のように表されている．すなわち

$$I(t)+jQ(t)=\sum_{k=-\infty}^{\infty}(I_k+jQ_k)h_T(t-kT)$$

このフーリエ変換が $H(f)$ であり，被変調信号 $s(t)$ の周波数スペクトル密度 $S(f)$ は式（10.18）で与えられる．ここで，送信フィルタの伝達関数を $H_T(f)$ とすると，$H(f)$ は次式で表される．

$$H(f)=H_T(f)\left(\sum_{k=-\infty}^{\infty}(I_k+jQ_k)\exp(j2\pi f\cdot k\cdot T)\right) \quad (10.19)$$

送信フィルタのインパルス応答 $h_T(t)$ が高さ 1，長さ T の矩形パルスのとき（つまり，$h_T(t)=1$ $(0\leq t<T)$，0（その他）），$H_T(f)$ は次式のようになる．

$$H_T(f)=T\left(\frac{\sin(\pi fT)}{\pi fT}\right)\times\exp(-j\pi fT) \quad (10.20)$$

時点 $k=0$ の送信シンボル I_0+jQ_0 が $1+j0$ であるとき，このシンボル波形 $I(f)+jQ(f)$ の周波数スペクトル密度 $H(f)$ は $H_T(f)$ に等しい．$H(f)$ を図 10.9 に示す．$H(f)$ の大きさは $f=0$ で最大値になり，$1/T$ の整数倍の周波数点で 0 になる振動関数である．図からわかるように，周波数スペクトルは周波数領域 $[-1/T, 1/T]$ の外側に広がっている．$H(f)$ を $\pm f_c$ だけ周波数シフトさせたのが $I_0+jQ_0=1+j0$ を送信する被変調信号 $s(t)$ の周波数スペクトル密度 $S(f)$ になる．これを図 10.10 に示す．

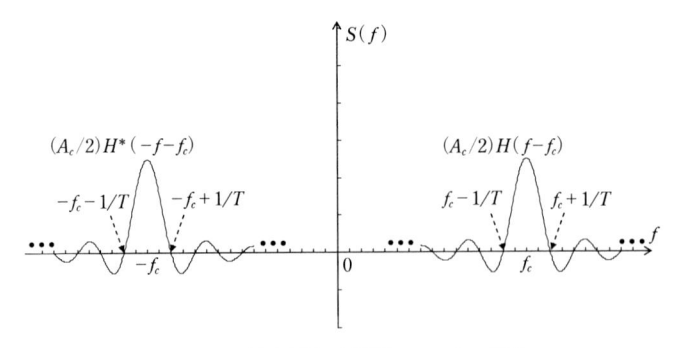

$S(f)$ のグラフ: $(A_c/2)H^*(-f-f_c)$, $-f_c-1/T$, $-f_c+1/T$, $-f_c$; $(A_c/2)H(f-f_c)$, f_c-1/T, f_c+1/T, f_c

図 10.10 被変調波の周波数スペクトル密度

演 習 問 題

10.1 ± 1 の値を持つパルス幅 T 秒の NRZ パルスを用いてデータ伝送するものとする．このような NRZ 信号は次式のように表せる．

$$s_{\text{NRZ}}(t) = \sum_{n=-\infty}^{\infty} a_n u(t-nT)$$

$$u(t) = \begin{cases} 1, & 0 \leq t < T \text{ のとき} \\ 0, & \text{その他} \end{cases}, \quad a_n = \begin{cases} +1, & \text{データ "1" のとき} \\ -1, & \text{データ "0" のとき} \end{cases}$$

データ "0" と "1" の生起確率はそれぞれ 1/2 で，互いに独立に生起するものとする．次の問に答えよ．

(1) NRZ 信号 $s_{\text{NRZ}}(t)$ の電力スペクトル密度 $P_{\text{NRZ}}(f)$ を求めよ．NRZ 信号の自己相関関数 $R_{\text{NRZ}}(\tau)$ を求め，それをフーリエ変換すれば電力スペクトル密度が得られる．なお，$R_{\text{NRZ}}(\tau)$ は $s_{\text{NRZ}}(t) \times s_{\text{NRZ}}(t+\tau)$ の時間平均である．

(2) NRZ 信号 $s_{\text{NRZ}}(t)$ を DSB 変調を用いて伝送することを考える．このときの DSB 波は $A_c s_{\text{NRZ}}(t) \cos(2\pi f_c t)$ である．ただし，f_c は搬送波周波数であり，$1 \ll f_c T$ であるとする．DSB 波の電力スペクトル密度 $P_{\text{DSB}}(f)$ を求めよ．

10.2
(1) ディジタル被変調信号の電力スペクトル密度 $P_s(f)$ を表す式を求めよ．ただし，搬送波周波数を f_c，送信フィルタの伝達関数を $H_T(f)$ とする．

(2) 送信フィルタのインパルス応答 $h_T(t)$ が長さ T の矩形パルスのときについて，$P_s(f)$ を示せ．

11 ディジタル伝送における最適受信

　ディジタル伝送系のモデルを図 11.1 に示す．ディジタル伝送における伝送誤りの主な原因は雑音である．通信路で熱雑音が加わる．さらに，第 5 章で述べたように，受信機内部の増幅器も雑音を発生する．通信路の熱雑音と受信機内部で発生する雑音の和は白色ガウス雑音過程とみなすことができる．その電力スペクトル密度は，周波数の広い範囲にわたって一定値を持つ．このような雑音によって，送信データ"0"を"1"に，"1"を"0"に誤って判定してしまう場合がある．

　ディジタル通信では，送信フィルタと受信フィルタが重要な役割を果たしている．送信フィルタは，被変調信号の周波数スペクトルの広がりを抑える（これを帯域制限するという）ために用いられる．データ判定器への入力は信号と雑音の和である．信号対雑音電力比 S/N を最大にできれば誤り率を最小化できる．このためには，受信信号にひずみを発生させないようにしつつ，雑音電力を最小化する受信フィルタが必要である．符号判定時点の信号対雑音電力比 S/N を最大にする受信フィルタは整合フィルタと呼ばれる．

　第 11 章では 2 PSK 変調を対象に，受信フィルタ出力の S/N を求め，それを最大にするフィルタの伝達関数を求める．

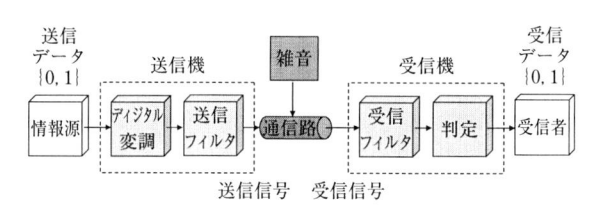

図 11.1　ディジタル伝送系のモデル

11.1 信号判定時点の S/N

2PSK パルス伝送を考える．式 (10.6) のインパルス応答を持つ送信フィルタを用いるとき，$s(t)$ は次式のように表せる．

$$s(t) = \begin{cases} \pm A_c \cos(2\pi f_c t), & 0 \leq t < T \\ 0, & \text{その他} \end{cases} \quad (11.1)$$

ここで，式中の複号±は，送信データが "1"("0") のとき+(−) である．T は 1 ビットの時間長である．白色雑音の電力スペクトルは信号スペクトルの帯域外に広がっている．この雑音成分を除去するため受信フィルタが用いられる．

図 11.2 は受信機モデルである．受信機で受信された信号 $s(t)$ に白色雑音 $n(t)$ が加わる．信号と雑音の和を $r(t)$ で表す．すなわち

$$r(t) = s(t) + n(t) \quad (11.2)$$

受信フィルタの伝達関数を $H_R(f)$ とする．受信フィルタ出力を $r_R(t)$ とする．これを時刻 t_m で標本化すると $r_R(t_m)$ が得られる．送信データが "1" であったのか，"0" であったのかを，$r_R(t_m)$ を用いて判定する．

時刻 t_m で標本化した受信フィルタ出力 $r_R(t_m)$ は次式で表される．

$$r_R(t_m) = \int_{-\infty}^{\infty} r(t_m - \tau) h_R(\tau) d\tau = \int_{-\infty}^{\infty} r(t_m - \tau) h_R(\tau) d\tau + \int_{-\infty}^{\infty} m(t_m - \tau) h_R(\tau) d\tau$$
$$= s_R(t_m) + n_R(t_m) \quad (11.3)$$

ここで $h_R(\tau)$ は，受信フィルタのインパルス応答である．第 1 項が信号成分，第 2 項が雑音成分である．信号対雑音電力比 S/N が，誤り率を表す重要な指標になる．S/N は次式で定義される．

$$S/N = \frac{s_R{}^2(t_m)}{E[n_R{}^2(t_m)]} \quad (11.4)$$

ここで $E[.]$ は標本平均である．信号 $s(t)$ のフーリエ変換を $S(f)$，白色雑音の両側電力スペクトル密度を $N_0/2$ とする．S/N を最大とする条件を求め

(a) 受信フィルタ

(b) 雑音の電力スペクトル密度

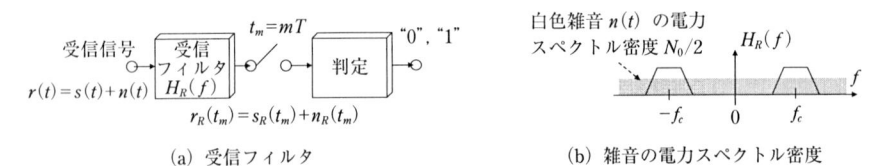

図 11.2 受信機モデル

11.1 信号判定時点の S/N

る．標本化時点のフィルタ出力 $s_R(t_m)$ および $E[n_R{}^2(t_m)]$ は，それぞれ次式のようになる．

$$\begin{cases} s_R(t_m) = \int_{-\infty}^{\infty} S(t_m - \tau) h_R(\tau) d\tau = \int_{-\infty}^{\infty} S(f) H_R(f) \exp(j2\pi f t_m) df \\ E[n_R{}^2(t_m)] = (N_0/2) \int_{-\infty}^{\infty} |H_R(f)|^2 df \end{cases} \quad (11.5)$$

したがって，S/N は次式のようになる．

$$S/N = \frac{\left| \int_{-\infty}^{\infty} S(f) H_R(f) \exp(j2\pi f t_m) df \right|^2}{(N_0/2) \int_{-\infty}^{\infty} |H_R(f)|^2 df} \quad (11.6)$$

ここで，次のシュワルツの不等式を用いる．

$$\left| \int_{-\infty}^{\infty} A(f) B(f) df \right|^2 \leq \int_{-\infty}^{\infty} |A(f)|^2 df \int_{-\infty}^{\infty} |B(f)|^2 df \quad (11.7)$$

等号は，次式のときのみ成立する．

$$B(f) = k A^*(f) \quad (11.8)$$

ここで，k は任意の実数である．そこで

$$A(f) = S(f), \quad B(f) = H_R(f) \exp(j2\pi f t_m) \quad (11.9)$$

を式 (11.7) に代入して得られる不等式より，S/N は次式のようになる．

$$S/N = \frac{\left| \int_{-\infty}^{\infty} S(f) H_R(f) \exp(j2\pi f t_m) df \right|^2}{(N_0/2) \int_{-\infty}^{\infty} |H_R(f)|^2 df} \leq 2 \frac{\int_{-\infty}^{\infty} |S(f)|^2 df}{N_0} \quad (11.10)$$

すなわち，S/N の最大値は次式のようになる．

$$(S/N)_{\max} = 2 \frac{\int_{-\infty}^{\infty} |S(f)|^2 df}{N_0} \quad (11.11)$$

ここで，式 (2.45) のパーシバルの定理より

$$\int_{-\infty}^{\infty} |S(f)|^2 df = \int_{-\infty}^{\infty} s^2(t) dt \quad (11.12)$$

は受信信号の 1 ビットあたりの信号エネルギーであることから，これを E_b とおくと次式が得られる．

$$(S/N)_{\max} = \frac{\int_{-\infty}^{\infty} |S(f)|^2 df}{N_0/2} = 2 \frac{E_b}{N_0} \quad (11.13)$$

ところで，式 (11.2) で表される 2 PSK パルスが T 秒ごとに送信されてい

るものとする．$f_c T \gg 1$ であるとき E_b は次式で表される．

$$E_b = \int_0^T \{A_c \cos(2\pi f_c t)\}^2 dt = \frac{1}{2} A_c^2 T \left[1 + \frac{\sin(4\pi f_c T)}{4\pi f_c T}\right] \approx \frac{1}{2} A_c^2 T \tag{11.14}$$

11.2 整合フィルタ

a． 整合フィルタの伝達関数

S/N を最大にする伝達関数 $H_R(f)$ を持つフィルタを整合フィルタと呼ぶ．式 (11.8) と (11.9) より

$$H_R(f) = kS^*(f) \exp(-j2\pi f t_m) \tag{11.15}$$

になる．上式に

$$S^*(f) = \int_{-\infty}^{\infty} s(t) \exp(j2\pi f t) dt = S(-f) \tag{11.16}$$

を代入すると，S/N を最大にする伝達関数 $H_R(f)$ は次式で与えられる．

$$H_R(f) = kS(-f) \exp(-j2\pi f t_m) \tag{11.17}$$

b． 整合フィルタのインパルス応答

整合フィルタのインパルス応答 $h_R(t)$ は

$$h_R(t) = \int_{-\infty}^{\infty} H_R(f) \exp(j2\pi f t) df \tag{11.18}$$

となる．上式に式 (11.17) を代入すれば $h_R(t)$ が次式のように得られる．

$$h_R(t) = k \int_{-\infty}^{\infty} S(-f) \exp(j2\pi f(t-t_m)) df$$

$$= k \int_{-\infty}^{\infty} S(f) \exp(j2\pi f(t_m-t)) df = ks(t_m-t) \tag{11.19}$$

すなわち，整合フィルタのインパルス応答 $h_R(t)$ は入力信号パルス波形 $s(t)$ の時間反転になる．

信号パルス $s(t)$ が $t=0 \sim T$ の間で存在する図 11.3 (a) のような波形であるものとし，時刻 $t=t_m$ で標本化するものとする．$h_R(t)$ は入力信号を時間反転し，それを t_m だけ時間シフトしたものとなるから，図 11.3 (b) のようになる．

c． 整合フィルタの信号出力

整合フィルタ出力の信号成分 $s_R(t)$ は入力信号 $s(t)$ とフィルタのインパル

11.2 整合フィルタ

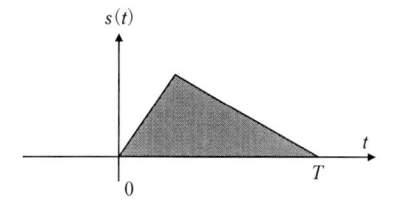

(a) フィルタ入力信号 $s(t)$

(b) インパルス応答 $h_R(t)$

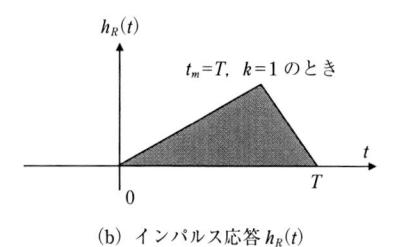

図 11.3 整合フィルタのインパルス応答

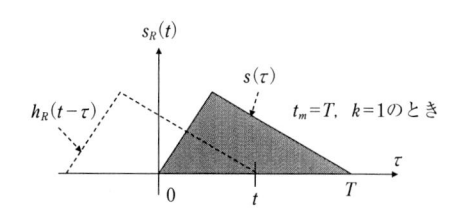

図 11.4 $s(\tau)$ とインパルス応答 $h_R(t-\tau)$ との時間関係

ス応答 $h_R(t)$ との畳み込みであり，次式になる．

$$s_R(t) = \int_{-\infty}^{\infty} s(t-\tau) h_R(\tau) d\tau \tag{11.20}$$

時刻 t におけるフィルタ出力 $s_R(t)$ を与える，$s(\tau)$ とインパルス応答 $h_R(t-\tau)$ との時間関係を描いたのが図 11.4 である．

d．整合フィルタの実現法

整合フィルタのインパルス応答

$$h_R(t) = k s(t_m - t)$$

と式 (11.2) より受信フィルタ出力 $r_R(t)$ は

$$\begin{aligned} r_R(t) &= k \int_{-\infty}^{\infty} r(t-\tau) s(t_m-\tau) d\tau \\ &= k \int_{-\infty}^{\infty} s(t-\tau) s(t_m-\tau) d\tau + k \int_{-\infty}^{\infty} n(t-\tau) s(t_m-\tau) d\tau \end{aligned} \tag{11.21}$$

になる．時刻 $t = t_m$ におけるフィルタ出力 $r_R(t_m)$ は，$t_m - \tau$ を t に置き換えて

$$r_R(t_m) = s_R(t_m) + n_R(t_m) = k \int_{-\infty}^{\infty} s(t) dt + k \int_{-\infty}^{\infty} n(t) s(t) dt \tag{11.22}$$

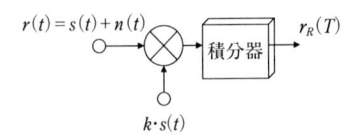

図 11.5 相関検波器

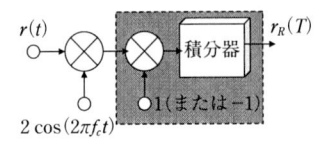

図 11.6 送信データ"1"（または"0"）に対する相関検波器 ($k=2/A_c$)

になる．ここで $s_R(t_m)$ と $n_R(t_m)$ はそれぞれ整合フィルタ出力の信号成分と雑音成分である．整合フィルタ出力の信号成分 $s_R(t_m)$ は入力信号のエネルギー $\int_{-\infty}^{\infty} s^2(t)dt$ の k 倍に等しい．

式 (11.22) より，整合フィルタ出力を得る方法のひとつが相関検波であることがわかる．入力信号に同期した波形 $s(t)$ を受信側で用意しておき，入力信号にそれを乗積して積分すれば，標本化時点 $t_m = T$ の整合フィルタ出力が得られる．これが図 11.5 に示す相関検波である．

2 PSK を例にとって説明する．2 PSK パルス波形は，式 (11.2) で表されている．式中の複号 ± は，＋のとき送信データが"1"，－のとき"0"である．$s(t)$ を，搬送波成分 $A_c \cos(2\pi f_c t)$ と送信データを表す成分 ±1 とに分解して考える．まず，搬送波と同じ周波数と位相を持つ局部発信波 $A_c \cos(2\pi f_c t)$ を発生させ，それを受信信号 $r(t)$ に乗積する．これは DSB の同期検波と同じであり，搬送波周波数を中心とする信号スペクトルをベースバンドへ移行させるためである．局部発信波の振幅が A_c であるが，任意の定数でよい．その後，T 秒間積分すると，整合フィルタ出力が得られる．送信データ"1"（または"0"）に対する相関検波器を図 11.6 に示す．ただし，$t_m = T$ としている．

11.3　2 PSK 伝送系のモデル

周期 T 秒ごとにデータ"1"または"0"を送信する 2 PSK 伝送を考える．伝送系のモデルを図 11.7 に示す．送信フィルタのインパルス応答 $h_T(t)$ は

$$h_T(t) = \begin{cases} 1, & 0 \leq t < T \\ 0, & \text{その他} \end{cases} \quad (11.23)$$

で与えられる長さ T 秒の矩形パルスであるとする．送信データ系列は次式のように表される．

11.3 2 PSK 伝送系のモデル

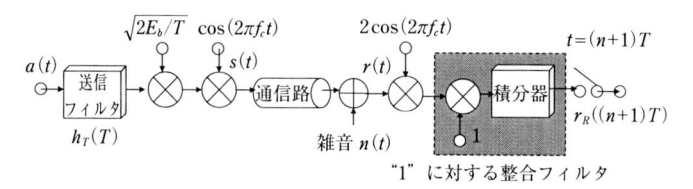

図 11.7 伝送系のモデル

$$a(t) = \sum_{n=-\infty}^{\infty} a_n \delta(t - nT) \tag{11.24}$$

ただし

$$a_n = \begin{cases} 1, & \text{``1'' のとき} \\ -1, & \text{``0'' のとき} \end{cases} \tag{11.25}$$

である．送信フィルタへの入力が $a_n \delta(t-nT)$ であるとき，フィルタ出力は $a_n h_T(t-nT)$ である．したがって，搬送波を $\cos(2\pi f_c t)$ とする 2 PSK 信号 $s(t)$ は次式のように表される．

$$s(t) = \left\{ A_c \sum_{n=-\infty}^{\infty} a_n h_T(t-nT) \right\} \cos(2\pi f_c t) \tag{11.26}$$

となる．

2 PSK 信号 $s(t)$ と白色雑音 $n(t)$ との和が受信信号 $r(t)$ として受信される．受信機では，受信信号に局部発信波 $A_c \cos(2\pi f_c t)$ を乗積する．これを "1" に対する整合フィルタに入力する．積分器で $t = nT \sim (n+1)T$ まで積分して得られる出力は次式になる．

$$\begin{aligned} r_R((n+1)T) &= \frac{A_c^2}{2} T a_n + A_c \int_{nT}^{(n+1)T} n(t) \cos(2\pi f_c t) \, dt \\ &= E_b a_n + \tilde{n} \end{aligned} \tag{11.27}$$

ここで，1 ビットあたりのエネルギー E_b と A_c との間には式 (11.14) の関係があることを用いた．$\tilde{n}$ はガウス雑音である．$\tilde{n}$ の平均値は零で，分散は

$$\sigma_n^2 = E[\tilde{n}^2] = \frac{A_c^2}{2} \int_{nT}^{(n+1)T} \cos^2(2\pi f_c t) \, dt = E_b(N_0/2) \tag{11.28}$$

になる．ただし，$f_c T \gg 1$ であるとした．

もし，雑音がなければ，整合フィルタ出力 $r_R((n+1)T)$ は送信データ a_n と同じ正負の符号を持つ．このことより，$r_R((n+1)T)$ 送信データが正

(負) のとき "1 (0)" が送信されたと判定できる．しかし，実際には雑音があるから判定誤りが発生する．雑音は確率過程であるから，判定誤りもまた確率事象になる．判定誤り確率については第 12 章で学ぶ．

これまでは送信信号を搬送波 $\cos(2\pi f_c t)$ を用いて表現した．搬送波周波数は任意の値であるから，搬送波 $\cos(2\pi f_c t)$ を用いないで信号を表現するのが便利なことが多い．被変調信号の複素表現は

$$s(t) = \mathrm{Re}[\{I(t) + jQ(t)\}\exp(j2\pi f_c t)] \tag{11.29}$$

で与えられる．第 10 章で述べたように $I(t) + jQ(t)$ は被変調信号の等価低域表現と呼ばれ，一般には複素関数である．式 (11.26) より

$$s(t) = \mathrm{Re}\left[\left\{\sqrt{2E_b/T}\sum_{n=-\infty}^{\infty}a_n h_T(t-nT)\right\}\exp(j2\pi f_c t)\right] \tag{11.30}$$

であることから，2 PSK 信号の等価低域表現は

$$I(t) + jQ(t) = \sqrt{2E_b/T}\sum_{n=-\infty}^{\infty}a_n h_T(t-nT) \tag{11.31}$$

となる．2 PSK のとき，a_n と $h_T(t)$ は実関数であるから，$Q(t) = 0$ である．等価低域表現を用いる 2 PSK 伝送モデルはベースバンドモデルと呼ばれる．これを図 11.8 に示す．

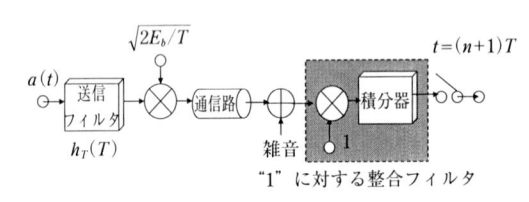

図 11.8　2 PSK 伝送のベースバンドモデル

パーシバルの定理より

$$\int_{-\infty}^{\infty}|h_T(t-nT)|^2 dt = \int_{-\infty}^{\infty}|H_T(f)|^2 df \tag{11.32}$$

であるから，送信データ a_n で発生する 2 PSK パルスのエネルギースペクトル密度 $\varepsilon(f)$ は

$$\varepsilon(f) = \frac{2E_b}{T}|H_T(f)|^2 \tag{11.33}$$

になる．2 値の送信データ a_n が ± 1 を確率 1/2 で発生するランダム変数であるとする．1 秒間あたり $1/T$ 個の送信データが発生するから，2 PSK 信号の等価低域表現 $I(t) + jQ(t)$ の電力スペクトル密度 $P(f)$ は

$$P(f) = \left[\frac{2E_b}{T}|H_T(f)|^2\right]\times\frac{1}{T} \tag{11.34}$$

11.3 2 PSK 伝送系のモデル

となる．2 PSK 信号の電力スペクトル密度 $P_s(f)$ は次式のようになる（第 10 章の演習問題 10.2 を参照せよ）．

$$P_s(f) = \frac{1}{4}P(f+f_c) + \frac{1}{4}P(f-f_c) \tag{11.35}$$

[例題 11.1] 2 PSK 信号の電力スペクトル密度

送信フィルタのインパルス応答が T 秒の矩形パルスであるときの 2 PSK 信号の電力スペクトル密度を求めよ．2 値の送信データは確率 1/2 で発生するランダム変数であるものとする．

[解]

送信フィルタの伝達関数 $H_T(f)$ はインパルス応答 $h_T(t)$ のフーリエ変換であるから

$$\begin{aligned} H_T(f) &= \int_{-\infty}^{\infty} h_T(t)\exp(-j2\pi ft)\,dt = \int_0^T \exp(-j2\pi ft)\,dt \\ &= T\frac{\sin(\pi fT)}{\pi fT}\exp(-j\pi fT) \end{aligned} \tag{11.36}$$

となる．2 PSK 信号の等価低域表現 $I(t)+jQ(t)$ の電力スペクトル密度 $P(f)$ は

$$P(f) = \frac{2E_b}{T}|H_T(f)|^2 \times \frac{1}{T} = 2E_b\left[\frac{\sin(\pi fT)}{\pi fT}\right]^2 \tag{11.37}$$

したがって，2 PSK 信号の電力スペクトル密度 $P_s(f)$ は次式のようになる．

$$\begin{aligned} P_s(f) &= \frac{1}{4}P(f+f_c) + \frac{1}{4}P(f-f_c) \\ &= \frac{E_b}{2}\left[\frac{\sin(\pi(f+f_c)T)}{\pi(f+f_c)T}\right]^2 + \frac{E_b}{2}\left[\frac{\sin(\pi(f-f_c)T)}{\pi(f-f_c)T}\right]^2 \end{aligned} \tag{11.38}$$

これを図 11.9 に示す．

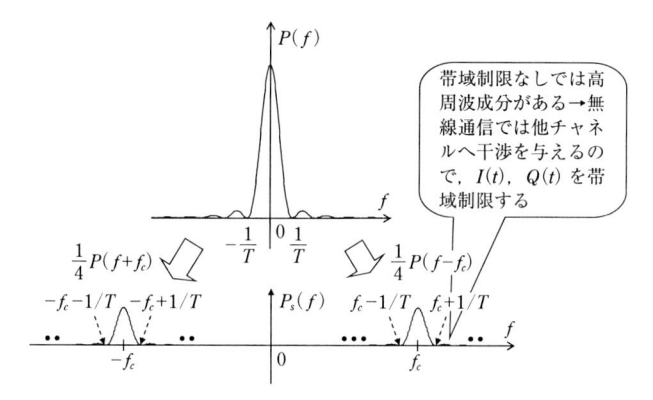

図 11.9 2 PSK 信号の電力スペクトル密度

11.4 ナイキスト基準

　例題から理解できるように，矩形パルス応答を持つ送信フィルタを用いると，被変調信号の帯域幅が広がってしまうことになる．無線通信では隣接周波数を用いる他チャネルへ干渉を与えることになり，好ましくない．そこで，$I(t)$ および $Q(t)$ を帯域制限する必要が出てくる．送信信号の占有帯域幅を最小化しつつ，受信フィルタ出力 S/N を最大化するにはどうすればよいか？これに答えを与えるのが，最適フィルタ理論である．

　送信データを表す正負のインパルスを T 秒ごとに送信するとき，送信フィルタと受信フィルタの総合伝達関数をどのようにすればよいか考える．図 11.10 のように，T 秒ごとに標本化された標本を送信フィルタと受信フィルタを通したとき，受信フィルタ出力波形の T 秒ごとの標本値がもとの値と完全に等しくなる（すなわち他の送信データからの影響を受けない）ようにすればよい．このような伝送系をナイキスト（Nyquist）伝送系と呼ぶ．フィルタ設計で重要な3つのナイキスト基準がある．

第1基準：　総合インパルス応答 $h(t)$ が $t=0$ を除いて等間隔零交差するための条件である．すなわち，$h(t)$ を $t=nT$ で標本化した標本値を h_n とすると

$$h_n = h(nT) = \begin{cases} 1, & n=0 \\ 0, & その他 \end{cases} \tag{11.39}$$

でなければならない．後述する自乗余弦フィルタはこの条件を満足する．

第2基準：　標本点間の中点 $t=(2n-1)T/2$, $n=\cdots,-1,0,1,\cdots$，においてインパルス応答が零交差するための条件である．$\alpha=1$ の自乗余弦フィルタはこの条件を満足する．

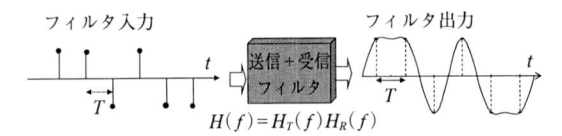

図 11.10 T 秒ごとに標本化された標本を送信フィルタと受信フィルタを通したときの受信フィルタ出力波形

第 3 基準： インパルス応答の 1 標本区間の積分値が入力信号振幅に比例するための条件である．$\mathrm{Sinc}(fT)=\sin(\pi fT)/(\pi fT)$ の逆数を伝達関数とするフィルタがこの条件を満足する．

以上のうち，第 1 基準を満たすフィルタの条件が最も重要である．フィルタの総合伝達関数を $H(f)$ とすると，$h(t)$ を $t=nT$ で標本化した標本値 h_n は次式のように表せる．

$$\begin{aligned}
h_n = h(nT) &= \int_{-\infty}^{\infty} H(f)\exp(j2\pi nfT)\,df \\
&= \sum_{k=-\infty}^{\infty}\int_{k/T-1/(2T)}^{k/T+1/(2T)} H(f)\exp(j2\pi nfT)\,df \\
&= \int_{-1/(2T)}^{1/(2T)}\left\{\sum_{k=-\infty}^{\infty} H(f-k/T)\right\}\exp(j2\pi nfT)\,df \quad (11.40)
\end{aligned}$$

これより，総合インパルス応答 $h(t)$ が $t=0$ を除いて T 秒ごとに等間隔零交差するための条件を周波数領域で表現すると

$$h(nT) = \begin{cases} 1, & n=0 \\ 0, & その他 \end{cases} \quad (11.41)$$

より，次式のようになる．

$$\sum_{k=-\infty}^{\infty} H(f-k/T) = T \quad (11.42)$$

式 (11.42) を満たすフィルタにはどんなものがあるだろうか？ 以下ではいくつかの例を示す．

a． 理想低域通過フィルタ

帯域幅が $1/(2T)$ の理想低域通過フィルタは，$H(f)$ が $|f|\leq 1/(2T)$ のみで値を持つので，第 1 基準を満たすフィルタである．このインパルス応答 $h(t)$ は

$$h(t) = \frac{\sin(\pi t/T)}{\pi t/T} \quad (11.43)$$

である．これを描いたのが図 11.11 である．総合のインパルス応答は $t=nT$；$n=\cdots, -2, -1, 1, 2, \cdots$，で $h(t)=0$ となり，他のパルスからの影響（これを符号間干渉という）を受けないことがわかる．このフーリエ変換は

$$H(f) = \int_{-\infty}^{\infty} h(t)\exp(-j2\pi ft)\,dt$$

(a) インパルス応答

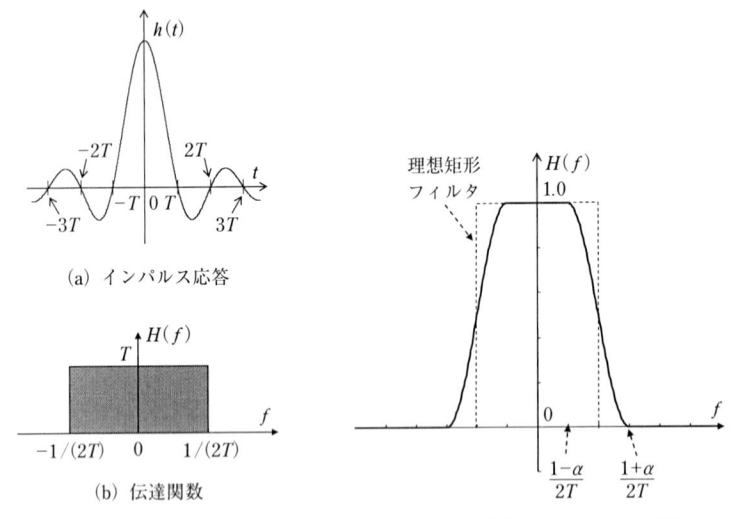

(b) 伝達関数

図 11.11 帯域幅が $1/T$ の理想低域通過フィルタのインパルス応答と伝達関数

図 11.12 自乗余弦フィルタの伝達関数

$$= \begin{cases} T, & |f| \leq 1/(2T) \\ 0, & その他 \end{cases} \tag{11.44}$$

となって，$H(f)$ は $|f| \leq 1/(2T)$ のみでしか値を持たない．

b. 自乗余弦フィルタ

$H(f)$ が $|f| > 1/(2T)$ でも値を持つような場合，式（11.42）には無数の解があり得る．この解のひとつが次式で与えられる伝達関数を持つ自乗余弦フィルタである．

$$H(f) = \begin{cases} T, & 0 \leq |f| < \dfrac{1-\alpha}{2T} \\ T\cos^2\left[\dfrac{\pi T}{2\alpha}\left(|f| - \dfrac{1-\alpha}{2T}\right)\right], & \dfrac{1-\alpha}{2T} \leq |f| < \dfrac{1+\alpha}{2T} \\ 0, & その他 \end{cases} \tag{11.45}$$

ここで，α はロールオフファクタといわれる．この伝達関数を描いたのが図 11.12 である．式（11.45）を逆フーリエ変換すれば，次式のような総合インパルス応答 $h(t)$ が得られる．

$$h(t)=\frac{\sin(\pi t/T)}{\pi t/T}\frac{\cos(\alpha\pi t/T)}{1-(2\alpha t/T)^2} \tag{11.46}$$

この $h(t)$ は $t=nT$, $n \neq 0$ で $h(t)=0$ になり，$t=(2n-1)T/(2\alpha)$ で零交差することがわかる．なお，$\alpha=0$ のとき理想低域通過フィルタになる．また，$\alpha=1$ のときナイキストの第2基準を満たす．

実際の通信システムでは，理想矩形フィルタは作りにくいので自乗余弦フィルタがよく用いられている．

11.5 送受信フィルタの設計

a． 最適伝送系の送信フィルタと受信フィルタの伝達関数

出力 S/N を最大とする受信フィルタの伝達関数 $H_R(f)$ は式 (11.15) で与えられている．送信フィルタの伝達関数を $H_T(f)$ とすると，送信信号の周波数スペクトル密度は $S(f)=H_T(f)$ である．これより，最適伝送系の総合伝達関数 $H(f)$ は

$$H(f)=H_T(f)H_R(f)=k|H_T(f)|^2\exp(-j2\pi ft_m) \tag{11.47}$$

となる．ここで，k と t_m は値を任意に選べるパラメータである．そこで，$k=1/T$ とおき，また便宜上，$t_m=0$ とおくと

$$H(f)=|H_T(f)|^2/T \tag{11.48}$$

が得られる．

以上から，$H_T(f)$ を実数関数に選べば，次式の関係が得られる．

$$\begin{cases} H_T(f)=\sqrt{T \cdot H(f)} \\ H_R(f)=\sqrt{H(f)/T} \end{cases} \tag{11.49}$$

このように設計した送信フィルタおよび受信フィルタは，ナイキスト第1基準を満足するような総合伝達関数 $H(f)$ の平方根になっているので，ルート・ナイキストフィルタと呼ばれる．$H(f)$ を式 (11.45) の自乗余弦フィルタ特性とするときには，送信フィルタと受信フィルタの伝達関数は次式のようになる．

$$H_T(f) = \begin{cases} T, & 0 \le |f| < \dfrac{1-\alpha}{2T} \\ T\cos\left[\dfrac{\pi T}{2\alpha}\left(|f| - \dfrac{1-\alpha}{2T}\right)\right], & \dfrac{1-\alpha}{2T} \le |f| < \dfrac{1+\alpha}{2T} \\ 0, & その他 \end{cases}$$

(11.50 a)

$$H_R(f) = H_T(f)/T \qquad (11.50\text{ b})$$

b. 送信信号の電力スペクトル密度

これまでは 2 PSK 伝送について述べてきたが，第 10 章で述べたように 2 PSK の他，4 PSK，8 PSK や 16 QAM などがある．$I(t)$ および $Q(t)$ 波形を帯域制限するルート・ナイキストフィルタを送信フィルタとして用いるディジタル被変調波の等価低域表現は，式 (10.5) で与えられる．つまり

$$I(t) + jQ(t) = \sum_{k=-\infty}^{\infty}(I_k + jQ_k)h_T(t-kT)$$

送信フィルタの伝達関数は $H_T(f) = \sqrt{T\cdot H(f)}$ であり，k 番目の送信シンボル $I_k + jQ_k$ で発生するパルス波形のエネルギースペクトル密度 $\varepsilon(f)$ は

$$\varepsilon(f) = \frac{2E_s}{T}|H_T(f)|^2 \qquad (11.51)$$

となる．1 秒間あたり $1/T$ 個の送信シンボルが発生するから，送信信号の等価低域信号の電力スペクトル密度 $P(f)$ は

$$P(f) = \left(\frac{2E_s}{T}|H_T(f)|^2\right) \times \frac{1}{T} = \left(\frac{2E_s}{T}\right)H(f) \qquad (11.52)$$

となる．ただし，E_s は 1 シンボルあたりの信号エネルギーであり，$E_s = (A_c^2/2)T$ である．また，1 ビットあたりの信号エネルギー E_b と E_s とは次式の関係にある．

$$E_s = (\log_2 M)E_b \qquad (11.53)$$

ここで，M は変調多値数であり，2 PSK，4 PSK，8 PSK および 16 QAM では，それぞれ $M = 1, 4, 8$ および 16 である．

$H(f)$ は式 (11.45) で与えられている．被変調信号の電力スペクトル密度 $P_s(f)$ は式 (11.35) で与えられる．

演 習 問 題

11.1 次のようなパルス波形 $s(t)$ がある．これを白色雑音のもとで受信するときの整合フィルタのインパルス応答 $h_R(t)$ と出力 $s_r(t)$ の時間波形を求めよ．ただし，フィルタ出力の標本時点を $t_m = T$ とする．

$$s(t) = \begin{cases} A_c \sin(8\pi t/T), & 0 \leq t < T \\ 0, & その他 \end{cases}$$

11.2 次のようなパルス波形 $s(t)$ がある．これを白色雑音のもとで受信するときの整合フィルタのインパルス応答 $h_R(t)$ と出力 $s_r(t)$ の時間波形を求めよ．ただし，フィルタ出力の標本時点を $t_m = T$ とする．

$$s(t) = \begin{cases} A_c(t/T) \sin(8\pi t/T), & 0 \leq t < T \\ 0, & その他 \end{cases}$$

11.3 次の 2 PSK パルス $s(t)$ を考える．

$$s(t) = \begin{cases} \pm A_c \cos(2\pi f_c t), & 0 \leq t < T \\ 0, & その他 \end{cases}$$

ただし，複号 ± は送信データ "1" と "0" に対応する．また，f_c は搬送波周波数であり，$f_c T \gg 1$ である．この 2 PSK 信号を受信するときの整合フィルタは図のような相関検波になる．受信 2 PSK 波に局部発信波 $A_c \cos(2\pi f_c t)$ を乗積し，T 秒間積分して得られるのが整合フィルタ出力 $s_r(T)$ である．

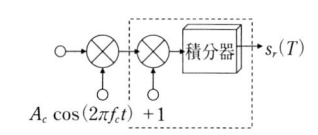

さて，局部発信波に位相誤差があり，$A_c \cos(2\pi f_c t + \Delta\theta)$ となったとする．次の問に答えよ．

問題 11.3

(1) 送信データが "1" および "0" であるときの整合フィルタ出力を表す式を求めよ．このとき，$f_c T \gg 1$ を用いよ．
(2) 整合フィルタ出力に及ぼす $\Delta\theta$ の影響について述べよ．

11.4 式 (11.5) を証明せよ．

11.5 式 (11.12) を導出せよ．

12 ディジタル伝送の誤り率

　通信路には熱雑音があり，受信機内部の増幅器も雑音を発生する．通信路の熱雑音と受信機内部で発生する雑音の和は，周波数の広い範囲にわたって電力スペクトル密度が一定値である白色ガウス雑音過程とみなすことができる．このような雑音によって，受信データに誤りが発生してしまう場合がある．送信データ"1"を"0"に誤って受信してしまう場合と，送信データ"0"を"1"に誤って受信してしまう場合とがあるが，通常，この2つの確率は等しい．こういう通信路を2元対称通信路という．誤り確率をpとすると，送信データと受信データとは図12.1のような確率的関係にある．

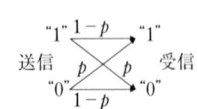

図 12.1 2元対称通信路

12.1 ディジタル変調と整合フィルタ

　被変調信号 $s(t)$ が通信路に送出され，途中で白色雑音 $n(t)$ が相加されて受信される．受信機の構成は図12.2のようになる．整合フィルタ出力を時刻 $t=t_m$ で標本化したときの標本値 x は次式のようになる．

$$x = s_R(t_m) + n_R(t_m) \tag{12.1}$$

ここで，$s_R(t_m)$ および $n_R(t_m)$ は，それぞれ信号成分および雑音成分を表す．整合フィルタの伝達関数を $H_R(f)$，被変調信号 $s(t)$ のフーリエ変換を $S(f)$ とする．フィルタ出力の信号成分，それに雑音成分の2乗平均は次式のようになる．

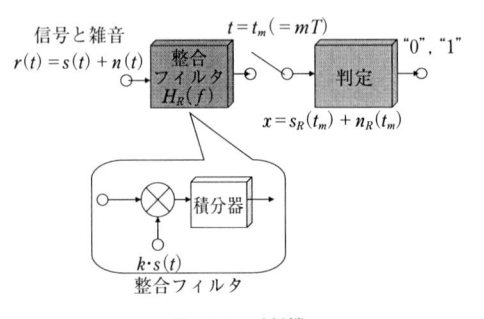

図 12.2 受信機

12.1 ディジタル変調と整合フィルタ

$$\begin{cases} s_R(t_m) = \int_{-\infty}^{\infty} S(f) H_R(f) \exp(j2\pi f t_m) df \\ E[n_R{}^2(t_m)] = (N_0/2) \int_{-\infty}^{\infty} |H_R(f)|^2 df \end{cases} \tag{12.2}$$

ここで，$N_0/2$ は白色雑音の電力スペクトル密度である．ところで，整合フィルタの伝達関数は第 11 章より

$$H_R(f) = kS^*(f) \exp(-j2\pi f t_m) \tag{12.3}$$

である．k は任意の実数であるから，便宜上 $k=1$ とすると

$$\begin{cases} s_R(t_m) = \int_{-\infty}^{\infty} |S(f)|^2 df \\ E[n_R{}^2(t_m)] = (N_0/2) \int_{-\infty}^{\infty} |S(f)|^2 df \end{cases} \tag{12.4}$$

となる．式 (2.45) のパーシバルの定理より

$$\int_{-\infty}^{\infty} |S(f)|^2 df = \int_{-\infty}^{\infty} s^2(t) dt \tag{12.5}$$

である．式 (12.5) は 1 シンボルあたりの信号エネルギー E_s に等しいから，次式を得る．

$$\begin{cases} s_R(t_m) = E_s \\ E[n_R{}^2(t_m)] = (N_0/2) E_s \end{cases} \tag{12.6}$$

パルス長 T の矩形パルスをインパルス応答に持つ送信フィルタの場合，2 PSK 信号は，$0 \leq t < T$ の区間で次式のように表される．

$$s(t) = \begin{cases} A_c \cos(2\pi f_c t), & \text{``1'' のとき} \\ -A_c \cos(2\pi f_c t), & \text{``0'' のとき} \end{cases} \tag{12.7}$$

f_c は搬送波周波数である．2 PSK のとき，1 シンボルあたりの信号エネルギー E_s は 1 ビットあたりの信号エネルギー E_b に等しく，$f_c T \gg 1$ であれば

$$E_s = E_b = \int_0^T \{A_c \cos(2\pi f_c t)\}^2 dt = \frac{A_c{}^2 T}{2}\left[1 + \frac{\sin(4\pi f_c T)}{4\pi f_c T}\right] \approx \frac{A_c{}^2 T}{2} \tag{12.8}$$

である．なお，変調多値数が M の多値変調のとき，$E_s = (\log_2 M) E_b$ である（式 (11.53) 参照）．

整合フィルタ出力 x はどのような統計的性質を有するだろうか？ フィルタ入力雑音 $n(t)$ はガウス雑音であるから，フィルタ出力雑音 $n_R(t_m)$ はガウス分布する不規則変数である．したがって，x はガウス分布する不規則変数になる．その平均 $E[x]$ と分散 $\sigma_x{}^2$ は

$$\begin{cases} E[x] = s_R(t_m) = E_b \\ \sigma_x^2 = E[(x-E[x])^2] = E[n_R^2(t_m)] = \dfrac{N_0}{2} E_b \end{cases} \quad (12.9)$$

となる．x の確率密度関数は次式で与えられる．

$$p(x) = \dfrac{1}{\sigma_x \sqrt{2\pi}} \exp\left[-\dfrac{(x-E[x])^2}{2\sigma_x^2}\right] = \dfrac{1}{\sqrt{\pi N_0 E_b}} \exp\left[-\dfrac{(x-E_b)^2}{N_0 E_b}\right] \quad (12.10)$$

12.2 誤 り 率

ディジタル変調で代表的な 2 ASK，2 PSK と 2 FSK を考える．

a．2 ASK

送信データ"1"に整合したフィルタを用いて符号判定することができる．すなわち，図 12.2 の整合フィルタでの乗算に用いる参照信号は，送信データ"1"の信号と同じである．すなわち

$$s(t) = A_c \cos(2\pi f_c t), \quad 0 \leq t < T$$

である（便宜上，$k=1$ としている）．

雑音がなければ整合フィルタ出力は，送信データが"1"のとき E_b，"0"のとき 0 である．"1"が送信されたときと，"0"が送信されたときの整合フィルタ出力 x の確率密度関数の例を図 12.3 に示す．フィルタ出力が判定スレシホールド a より大きいとき"1"が送信されたものと判定する．それ以外は"0"が送信されたものとする．"1"が送信されたときの判定誤りは次のようになる．

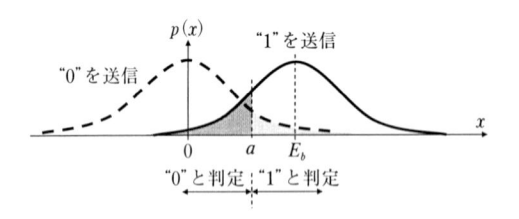

図 12.3 2 ASK の整合フィルタ出力 x の確率密度関数

$$p_1 = \int_{-\infty}^{a} \dfrac{1}{\sqrt{\pi N_0 E_b}} \exp\left[-\dfrac{(x-E_b)^2}{N_0 E_b}\right] dx = \dfrac{1}{2} \text{erfc}\left(\sqrt{\dfrac{(a-E_b)^2}{N_0 E_b}}\right) \quad (12.11)$$

ここで，erfc(y) は次式で定義される誤差補関数である．

$$\mathrm{erfc}(y) = \frac{2}{\sqrt{\pi}} \int_y^\infty \exp(-t^2)\,dt \tag{12.12}$$

一方，"0"が送信されたときの判定誤りは次のように求めることができる．フィルタ入力は雑音のみであるから，フィルタ出力はガウス変数であり，その平均は $E[x]=0$ であり，分散 $\sigma_x^2 = E[(x-E[x])^2] = (N_0/2)E_b$ となる．したがって，x の確率密度関数は次式で与えられることになる．

$$p(x) = \frac{1}{\sigma_x \sqrt{2\pi}} \exp\left[-\frac{x^2}{2\sigma_x^2}\right] = \frac{1}{\sqrt{\pi N_0 E_b}} \exp\left[-\frac{x^2}{N_0 E_b}\right] \tag{12.13}$$

これより，誤り率は次式のようになる．

$$p_0 = \int_a^\infty \frac{1}{\sqrt{\pi N_0 E_b}} \exp\left[-\frac{x^2}{N_0 E_b}\right] dx = \frac{1}{2} \mathrm{erfc}\left(\sqrt{\frac{a^2}{N_0 E_b}}\right) \tag{12.14}$$

以上より，"1"と"0"の送信確率が等しい（すなわち0.5）とき，平均誤り率 p は次式で計算できる．

$$p = \frac{1}{2}[p_0 + p_1] \tag{12.15}$$

この誤り率はビット誤り率と呼ばれる．p を最小にする判定スレシホールド a は，図12.3で2つの確率密度関数が交差する点，すなわち $a = E_b/2$ となる．そのとき，p_0 と p_1 は等しく，ビット誤り率 p は次式で与えられる．

$$p = \frac{1}{2} \mathrm{erfc}\left(\frac{1}{2}\sqrt{\frac{E_b}{N_0}}\right) \tag{12.16}$$

b．2 PSK

送信データ"1"に整合したフィルタ出力を用いて符号判定することができる．すなわち，図12.2の整合フィルタでの乗算に用いる参照信号は，送信データ"1"の信号と同じである．すなわち

$$s(t) = A_c \cos(2\pi f_c t), \quad 0 \leq t < T$$

である（便宜上，$k=1$ としている）．雑音がなければ，整合フィルタ出力は送信データが"1"のとき E_b となるが，送信データが"0"のとき $-E_b$ になる．"1"が送信されたときと，"0"が送信されたときの整合フィルタ出力 x の確率密度関数の例を図12.4に示す．判定誤りを最小とする判定スレシホールドは $a=0$ である．フィルタ出力が0より大きいとき，"1"が送信されたものと判定する．それ以外は"0"が送信されたものと判定する．整合フィルタ出力は，"1"が送信されているとき平均 $E[x]=E_b$ で分散 $\sigma_x^2 = (N_0/2)E_b$ を持つ

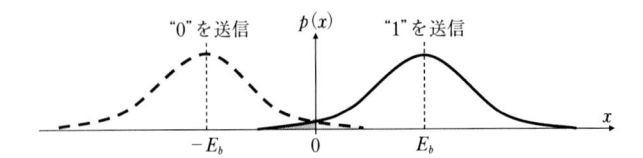

図 12.4　2 PSK の整合フィルタ出力 x の確率密度関数

ガウス変数となる．一方，"0" が送信されているとき，"1" に整合したフィルタ出力は平均 $E[x]=-E_b$ で分散 $\sigma_x{}^2=(N_0/2)E_b$ を持つガウス変数となる．したがって，"1" が送信されたときと "0" が送信されたときの判定誤り率はそれぞれ次式のようになる．

$$\begin{cases} p_0 = \int_0^\infty \frac{1}{\sqrt{\pi N_0 E_b}} \exp\left[-\frac{(x+E_b)^2}{N_0 E_b}\right] dx = \frac{1}{2}\mathrm{erfc}\left(\sqrt{\frac{E_b}{N_0}}\right) \\ p_1 = \int_{-\infty}^0 \frac{1}{\sqrt{\pi N_0 E_b}} \exp\left[-\frac{(x-E_b)^2}{N_0 E_b}\right] dx = \frac{1}{2}\mathrm{erfc}\left(\sqrt{\frac{E_b}{N_0}}\right) \end{cases}$$

(12.17)

"1" と "0" の送信確率が等しい（すなわち 0.5）とき，ビット誤り率 p は次式のようになる．

$$p = \frac{1}{2}\mathrm{erfc}\left(\sqrt{\frac{E_b}{N_0}}\right) \tag{12.18}$$

c．2 FSK

送信データの "1" か "0" に対応して，周波数を変えるのが FSK である．2 FSK パルス波形は次式のように表されている．

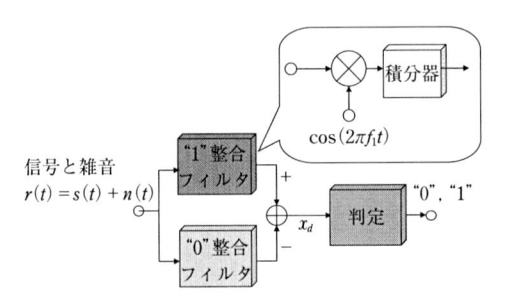

図 12.5　2 FSK 受信機

12.2 誤り率

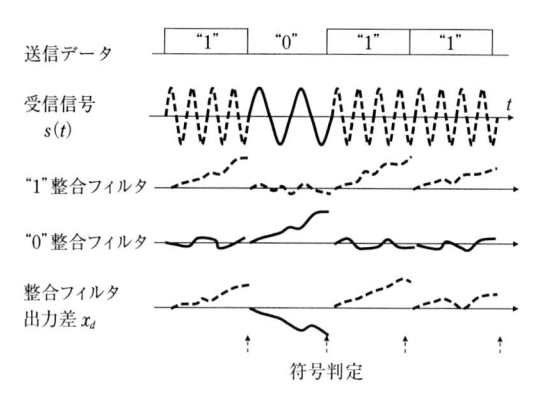

図12.6 2 FSK 受信機各部の出力波形

$$s(t) = \begin{cases} A_c \cos(2\pi f_1 t), & \text{``1''のとき} \\ A_c \cos(2\pi f_0 t), & \text{``0''のとき} \end{cases} \quad (12.19)$$

PSK と異なり，送信データの"1"と"0"に対応した2つの信号パルスを整合フィルタの参照信号に用いることが必要である．2 FSK 受信機は図12.5のようになる．送信データが"10110"であるときの受信機各部の出力波形を図12.6に示す．整合フィルタ出力の差 x_d が正であれば送信データは"1"で，そうでなければ"0"であると判定する．

"1"が送信されているときの x_d は次式のようになる．

$$\begin{aligned} x_d &= \int_0^T r(t)\{\cos(2\pi f_1 t) - \cos(2\pi f_0 t)\} dt \\ &= A_c \int_0^T \{\cos^2(2\pi f_1 t) - \cos(2\pi f_1 t)\cos(2\pi f_0 t)\} dt \\ &\quad + \int_0^T n(t)\{\cos(2\pi f_1 t) - \cos(2\pi f_0 t)\} dt \end{aligned} \quad (12.20)$$

第1項が信号成分 x_s，第2項が雑音成分 x_n である．x_s は次式のようになる．

$$\begin{aligned} x_s &= A_c \int_0^T \{\cos^2(2\pi f_1 t) - \cos(2\pi f_1 t)\cos(2\pi f_0 t)\} dt \\ &= \frac{A_c T}{2}\left[1 - \frac{\sin(4\pi f_1 T)}{4\pi f_1 T} - \frac{\sin(2\pi(f_1+f_0)T)}{2\pi(f_1+f_0)T} - \frac{\sin(2\pi(f_1-f_0)T)}{2\pi(f_1-f_0)T}\right] \end{aligned}$$
$$(12.21)$$

ここで，l を整数として $(f_1-f_0)T = 0.5l$ となるように周波数を選ぶと

$$x_s = \frac{A_c T}{2} \quad (12.22)$$

となる．また，整合フィルタ出力の雑音成分 x_n は

$$x_n = \int_0^T n(t)\{\cos(2\pi f_1 t) - \cos(2\pi f_0 t)\}dt \qquad (12.23)$$

であり，この平均は $E[x_n]=0$ である．分散 σ_x^2 は次式のようになる．

$$\sigma_x^2 = E[(x_n - E[x_n])^2]$$
$$= E\left[\left|\int_0^T n(t)\{\cos(2\pi f_1 t) - \cos(2\pi f_0 t)\}dt\right|^2\right]$$
$$= E\left[\int_0^T n(t)\{\cos(2\pi f_1 t) - \cos(2\pi f_0 t)\}dt\right.$$
$$\left.\times \int_0^T n(\tau)\{\cos(2\pi f_1 \tau) - \cos(2\pi f_0 \tau)\}d\tau\right]$$
$$= \int_0^T E[n(t)n(\tau)]\{\cos(2\pi f_1 t) - \cos(2\pi f_0 t)\}\{\cos(2\pi f_1 \tau)$$
$$- \cos(2\pi f_0 \tau)\}dtd\tau \qquad (12.24)$$

ここで，$n(t)$ は白色雑音であり，その自己相関関数は

$$E[n(t)n(t+\tau)] = \frac{N_0}{2}\delta(\tau) \qquad (12.25)$$

である．したがって

$$\sigma_x^2 = \frac{N_0}{2}\int_0^T \{\cos(2\pi f_1 t) - \cos(2\pi f_0 t)\}^2 dt = \frac{N_0 T}{2} \qquad (12.26)$$

となる．以上から，送信データが "1" であるときの整合フィルタ出力差 x_d の分布は，図12.7のように平均値 $E[x_d]=A_c T/2$ で分散が $\sigma_x^2 = N_0 T/2$ のガウス分布となる．一方，送信データが "0" であるときは，平均値 $E[x_d]=-A_c T/2$ で分散が $\sigma_x^2 = N_0 T/2$ のガウス分布となる．したがって，x_d の確率密度関数は次式で与えられる．

$$p(x_d) = \begin{cases} \dfrac{1}{\sqrt{\pi N_0 T}}\exp\left[-\dfrac{(x_d - A_c T/2)^2}{N_0 T}\right], & \text{"1" のとき} \\ \dfrac{1}{\sqrt{\pi N_0 T}}\exp\left[-\dfrac{(x_d + A_c T/2)^2}{N_0 T}\right], & \text{"0" のとき} \end{cases} \qquad (12.27)$$

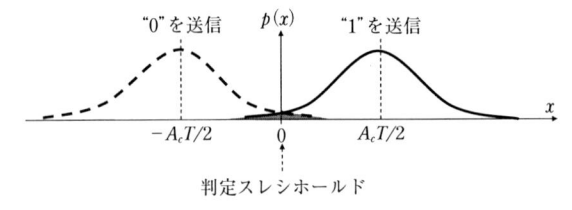

図12.7 整合フィルタ出力差 x_d の分布

図12.7のように，送信データが"1"のときと"0"のときの x_d の分布は0を中心として対称である．したがって，判定スレシホールドは $a=0$ になる．これより送信データが"1"のときと"0"のときの判定誤り率は

$$\begin{cases} p_0 = \int_0^\infty \frac{1}{\sqrt{\pi N_0 T}} \exp\left[-\frac{\{x+A_c T/2\}^2}{N_0 T}\right] dx = \frac{1}{2}\mathrm{erfc}\left(\sqrt{\frac{1}{2}\frac{(A_c^2/2)T}{N_0}}\right) \\ \quad = \frac{1}{2}\mathrm{erfc}\left(\sqrt{\frac{1}{2}\frac{E_b}{N_0}}\right) \\ p_1 = \int_{-\infty}^0 \frac{1}{\sqrt{\pi N_0 E_b}} \exp\left[-\frac{\{x-A_c T/2\}^2}{N_0 E_b}\right] dx = \frac{1}{2}\mathrm{erfc}\left(\sqrt{\frac{1}{2}\frac{E_b}{N_0}}\right) \end{cases} \quad (12.28)$$

となるので，ビット誤り率は次式のように表せる．

$$p = \frac{1}{2}[p_0 + p_1] = \frac{1}{2}\mathrm{erfc}\left(\sqrt{\frac{1}{2}\frac{E_b}{N_0}}\right) \qquad (12.29)$$

代表的なディジタル変調であるASK，PSKとFSKのビット誤り率をまとめると次式のようになる．

$$p = \begin{cases} \frac{1}{2}\mathrm{erfc}\left(\frac{1}{2}\sqrt{\frac{E_b}{N_0}}\right), & 2\,\mathrm{ASK} \\ \frac{1}{2}\mathrm{erfc}\left(\sqrt{\frac{E_b}{N_0}}\right), & 2\,\mathrm{PSK} \\ \frac{1}{2}\mathrm{erfc}\left(\sqrt{\frac{1}{2}\left(\frac{E_b}{N_0}\right)}\right), & 2\,\mathrm{FSK} \end{cases} \qquad (12.30)$$

図12.8に2ASK，2PSKと2FSKのビット誤り率を示す．

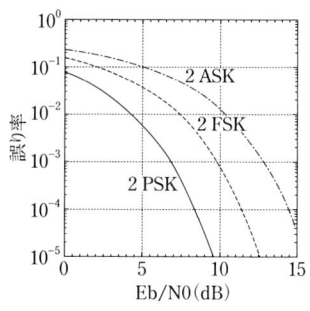

図12.8 2ASK，2PSKと2FSKのビット誤り率

演習問題

12.1 次のような2PSKパルス

$$s(t) = \begin{cases} \pm A_c \cos(2\pi f_c t), & 0 \leq t < T \\ 0, & その他 \end{cases}$$

に対する整合フィルタは図のような相関検波になる．相関検波では受信機で局部発信波 $A\cos(2\pi f_c t)$ を発生させて受信信号に乗積する．受信機の雑音 $n(t)$ は両側電力スペクトル密度が $N_0/2$ の

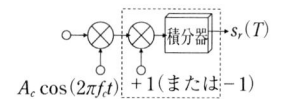

問題12.1 2PSKパルスに対する整合フィルタ

白色ガウス雑音であるものとし，下記の問に答えよ．
(1) 送信データが"1"であるときの整合フィルタ出力の平均と分散を求めよ．
(2) このときの判定誤り率 p_1 を求めよ．

12.2 問題12.1の相関検波で，局部発信波が $A_c \cos(2\pi f_c t + \Delta\theta)$ となったときの判定誤り率 p_1 を求め，誤り率に及ぼす位相差 $\Delta\theta$ の影響について述べよ．

13 通信路符号化

第 12 章では通信路で付加された雑音によって送信データが，受信側で間違って判定されてしまうことを述べた．通信路の雑音で生ずる判定誤りを減らして通信の信頼性を高めるのが通信路符号化の目的である．通信路符号化を用いる信号伝送系のモデルを図 13.1 に示す．音声伝送を例にとって説明する．送信側では，まず音声などのアナログ信号を情報源符号化器によって"1"と"0"のディジタル信号系列に変換し，通信路符号化器で"1"と"0"の符号化系列に変換する．そしてディジタル変調によって搬送波を変調し，通信路に送り出す．受信側では，受信信号を復調して符号化系列を得て，通信路復号器で誤りを訂正したのち，情報源復号器によりもとのアナログ信号を得る．

図 13.1　通信路符号化を用いる信号伝送系モデル

13.1　自　動　再　送

自動再送（automatic repeat request：ARQ）を用いる伝送系モデルを図 13.2 に示す．送信データ系列を短いパケットに分割し，順番に送信する．受信側では受信パケットに誤りがあると検出されたとき，そのパケットをもう一度送信するよう送信側に要求する．このため，誤りのあり/なしを送信側に通知する帰還チャネルが必要である（後述する誤り訂正符号化では帰還チャネル

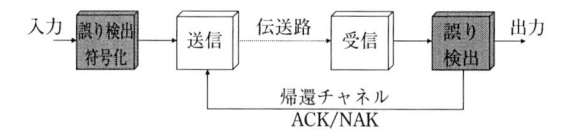

図 13.2　ARQ を用いる伝送系モデル

は不要である).ARQ は誤りのない通信を行いたいときに用いられる.ARQ には,Stop-And-Wait ARQ(SAW-ARQ),Go-Back-N ARQ(GBN-ARQ)と Selective-Repeat ARQ(SR-ARQ)の 3 つがある.これらを以下で説明する.

a. SAW-ARQ

SAW-ARQ は 3 つの ARQ のうちで最も簡単な ARQ である.図 13.3 のように,パケットが正しく受信されるまで同じパケットを再送し続ける.正しく受信されてはじめて,次のパケットを送信する.あるパケットを送信し始めてから,ACK(パケットが正しく受信されたことを表す通知)または NAK(パケットが誤って受信されたことを表す通知)が受信されるまでの時間をラウンドトリップ遅延と呼ぶ.ラウンドトリップ遅延は,電波が送信されてから受信点で受信されるまでの時間の 2 倍である.図 13.3 よりわかるように,ラウンドトリップ遅延が長いと信号を送信しない時間が長くなる.SAW-ARQ は動作が簡単であるという特徴があるが,通信路の効率的な利用という面からみると他の ARQ より劣る.

スループットという用語がよく使われる.もし,通信路が理想的であれば通信路符号化は不要である.このような理想的通信路では連続的に信号を送信し続けることができる.このとき,単位時間あたりに送信できるビット数を Q bps(ビット/秒)とする.しかし,実際の通信路では雑音があるからパケット誤りが発生する.パケットを誤りなく伝送するために ARQ を用いると,同じパケットを複数回送信しなければならないことがある.また,ラウンドトリップ遅延があるから信号を送信しない時間ができてしまう.これらによって,単位時間あたりに伝送できるビット数を q bps とすると,これは Q bps より低くなってしまう.q と Q の比がスループットである.

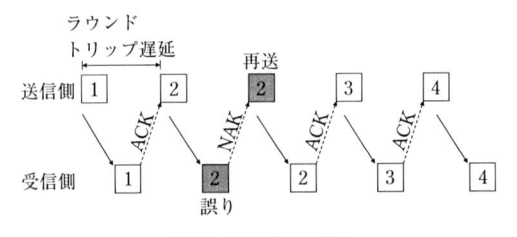

図 13.3 SAW-ARQ

b. GBN-ARQ

SAW-ARQ では，ラウンドトリップ遅延が長いとスループットが大幅に低下してしまう．図 13.4 に示す GBN-ARQ では，これを回避するため，送信側では NAK が受信されない限り連続してパケットを送信し続ける．NAK が受信されたら，N パケットだけ戻って再度送信する．一方，NAK を送信した受信側では誤ったパケットに引き続く $N-1$ 個のパケットを廃棄する．GBN-ARQ はパケットプロトコル X.25 のリンク制御プロトコルとして使われている．GBN-ARQ は SAW-ARQ より高いスループットが得られる．

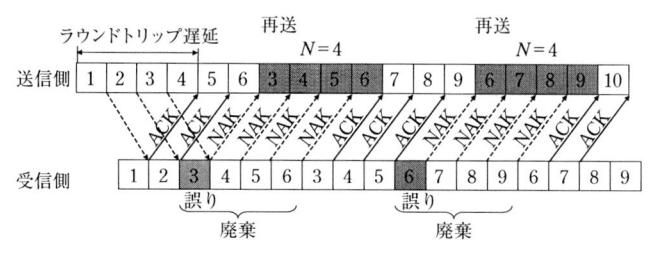

図 13.4 GBN-ARQ

c. SR-ARQ

GBN-ARQ では，受信側では誤ったパケットに引き続く $N-1$ 個のパケットを廃棄することになる．$N-1$ 個のパケットの中には正しく受信されたパケットもあるかもしれない．したがって，ラウンドトリップ遅延が同じでかつパケット誤り率が同じであれば，ビットレートが高くなるにつれてスループットが低下してしまう．そこで，スループットを高めるため，誤ったパケットのみを再送するようにしたのが，図 13.5 の SR-ARQ である．誤ったパケットだけを再送するので，他の 2 つの ARQ よりも高いスループが得られる．しかし，受信側ではパケットが正しく受信されるまで，それ以前のパケットを保持

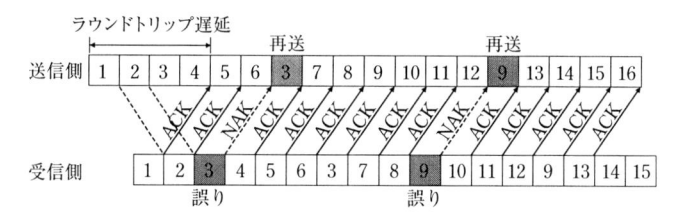

図 13.5 SR-ARQ

しなければならないために大きなバッファメモリが必要になる．これは受信側では受信パケットの順番をそろえて受信者に渡さなければならないからである．

13.2 誤り検出と誤り訂正

符号理論は代数学に基盤をおいていて高度な数学的な面を持つが，きわめて実用的な面を併せ持っている．通信，計算機，録音・録画の高品質化，高信頼化に大きく貢献している．以下では，最もわかりやすい単一誤りの検出と訂正について述べることにする．ここで紹介するのは，図 13.6 のように，k 個の情報ビットから $n-k$ 個の検査ビットを求めて，これを付加することによって得られる符号長 n の (n, k) 符号である．このような符号は組織符号といわれる．

通信路入力と出力の記号はともに $A=\{0, 1\}$ であるとする．A の 2 元からなる長さ 3 の系列の集合 $A^3=\{000, 001, 010, 011, 100, 101, 110, 111\}$ を考える．A^3 の全ての系列を用いて情報を伝送しようとすると，通信路で誤りが生じても，それを知ることができない．そこで，$\{000\}$ と $\{111\}$ の 2 つの系列のみ用いて，2 値データ "1" あるいは "0" を伝送することを考える．このような符号を伝送すれば，通信路で生じた 1 個の誤りを訂正できる．

図 13.7 のように，データ "0" を送りたい．これを符号 "000" に符号化して伝送する．受信側では多数決復号を行う．すなわち，"0" と "1" の数の多いほうが送信されたものと判定する．3 ビットとも正しく受信されれば "0" の数は 3 個である．通信路で 1 ビットの誤りが発生したとしよう．"0" の数は 2 個で "1" の数は 1 個であるから，数の多い "0" が送信されたと判定するのである．このような多数決復号では，1 ビットの誤りを訂正できるが，2 ビットの誤りが発生すれば間違って復号してしまうことになる．

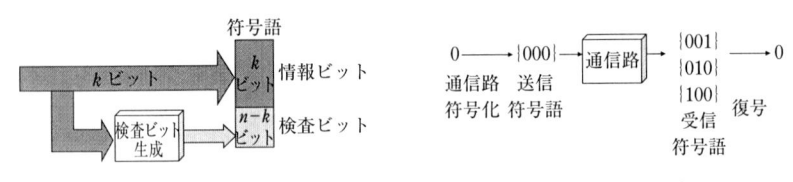

図 13.6 誤り訂正符号 (n, k) の符号器の構成

図 13.7 単一誤りの検出と訂正

13.3 復号の概念

$A=\{0,1\}$ の2元からなる長さ n の系列の集合 A^n の中から選ばれた系列の集合 $C=\{c_1, c_2, c_3, \cdots\}$ を通信路符号と呼び，各系列 c_i を符号語と呼ぶ．符号語が通信路を通って受信された受信語を y で表す．受信語 y から送信符号語を推定したい．受信語 y と復号領域の関係を図 13.8 に示す．以下のような 3 つの場合がある．

① 受信語 y が復号領域 c_i に入れば，符号語 c_i が送信されたと推定できる．
② 受信語 y がどの復号領域にも入らなければ，送信符号語の推定は不可能であるが，誤りが生じたことはわかる．
③ 送信符号語と異なる符号語の復号領域に入ったときには，誤った復号がなされる．

一例を示す．通信路符号 $C=\{000, 111\}$ を用いる．このときの復号領域は図 13.9 のようになる．送信語 $\{000\}$ に対する復号領域は $y=\{000\}, \{001\}, \{010\}, \{100\}$ である．送信語 $\{111\}$ に対する復号領域は $y=\{111\}, \{110\}, \{101\}, \{011\}$ である．3 ビット系列の総数は 8 個しかないから，いずれを受信しても送信語 $\{000\}$ または $\{111\}$ に復号できる．すなわち，受信空間に隙間がない．通信路符号化でよく出てくる用語に符号化率（code rate）がある．符号語の長さを n ビット，符号語の個数を M 個とすると，情報伝送速度（情報速度）R は $R=\log_2 M$ ビット/記号である．もし，A^n に含まれる 2^n 個の系

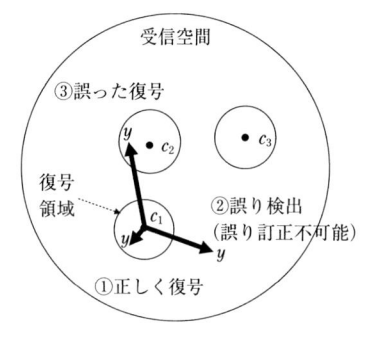

図 13.8 受信語 y と復号領域の関係

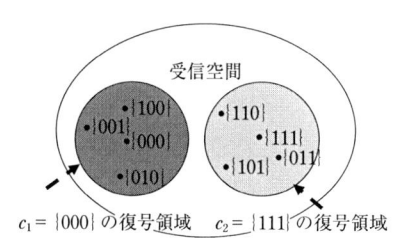

図 13.9 通信路符号 $C=\{000, 111\}$ の復号領域

列を全て符号語として選べば，情報速度は $R_{max}=n$ となるが，誤りの検出も訂正もできない．$R<R_{max}$ とすることによってはじめて，誤りの検出や訂正が可能となる．符号化率は $\eta=R/R_{max}$ である．

13.4 誤りの検出に用いられる誤り検出符号
——単一パリティ検査符号——

長さ k の情報ビット系列 $(w_1, w_2, \cdots, w_k)$ を送信するものとする．系列に含まれる1の数が偶数（奇数）になるように，1ビット w_{k+1} を付加して送信する．すなわち，長さ $n=k+1$ ビットの系列総数 2^{k+1} のうち，1の数が偶数となる 2^k 個の符号語を用いることになる．このようにすると，誤りが1個発生したとき，1の数が奇数（偶数）になるから，誤りがあったと知ることができる．送信符号語を $w=(w_1, w_2, \cdots, w_k, w_{k+1})$ とする．情報ビット系列 $(w_1, w_2, \cdots, w_k)$ から検査ビット w_{k+1} を次式のように生成する．

$$w_{k+1}=w_1+w_2+\cdots+w_k=\begin{cases}0, & 1\text{の数が偶数}\\ 1, & 1\text{の数が奇数}\end{cases} \quad (13.1)$$

ここで，+は mod 2 演算を表す．

$k=2$ の例を示す．情報ビット系列の総数は $\{00, 01, 10, 11\}$ の4個である．長さが3ビットの系列は $\{000, 001, 010, 011, 100, 101, 110, 111\}$ のように8個あるが，このうち単一パリティ検査符号になり得るのは $C=\{000, 011, 101, 110\}$ の4個である．第1と第2ビットが情報ビットである．8個の頂点を持つ立方体の4つの頂点に位置するよう，図13.10のように検査符号を配置すれば，符号語間の距離が最大になる．

a．パリティ検査方程式とシンドローム

長さ $n=k+1$ ビットの単一パリティ検査符号 C の符号語 $w=(w_1, w_2, \cdots,$

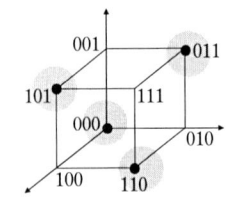

図 13.10　単一パリティ検査符号 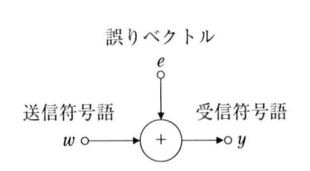　　　図 13.11　誤りの発生モデル

w_k, w_{k+1})の検査ビット w_{k+1} は $w_{k+1}=w_1+w_2+\cdots+w_k$ である．これを，＋が mod 2 演算であることに注意して変形すると，次式のパリティ検査方程式を得る．

$$w_1+w_2+\cdots+w_k+w_{k+1}=0 \tag{13.2}$$

符号語 w を送信したとき，通信路で付加された雑音により誤りが発生する．図 13.11 のように誤りベクトルを $e=(e_1, e_2, \cdots, e_n)$，受信された受信語を $y=(\tilde{w}_1, \tilde{w}_2, \cdots, \tilde{w}_n)$ とすると

$$y=(\tilde{w}_1, \tilde{w}_2, \cdots, \tilde{w}_n)=w+e=(w_1+e_1, w_2+e_2, \cdots, w_n+e_n) \tag{13.3}$$

受信語 y を式（13.2）のパリティ検査方程式に代入した結果をシンドローム s と呼ぶ．シンドローム s は次式で与えられる．

$$\begin{aligned} s &= \tilde{w}_1+\tilde{w}_2+\cdots+\tilde{w}_n = w_1+e_1+w_2+e_2+\cdots+w_n+e_n = e_1+e_2+\cdots+e_n \\ &= \begin{cases} 0, & \text{誤りなし} \\ 1, & \text{奇数個の誤り} \end{cases} \end{aligned} \tag{13.4}$$

b．水平垂直パリティ検査符号

誤りの訂正と検出に用いられる符号を誤り訂正検出符号と呼ぶが，単に誤り訂正符号（error correcting code）と呼ぶことが多い．水平垂直パリティ検査符号を図 13.12 に示す．これは符号長が $n=(k_1+1)(k_2+1)$ で情報ビット数が k_1k_2 の組織符号（$(k_1+1)(k_2+1), k_1k_2$）である．行の検査ビット，列の検査ビットおよび検査ビットの検査ビットを次式により生成する．

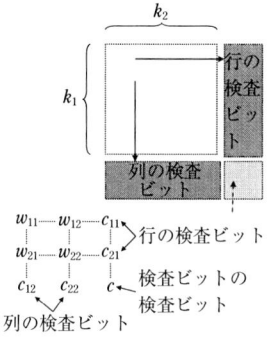

図 13.12 水平垂直パリティ検査符号

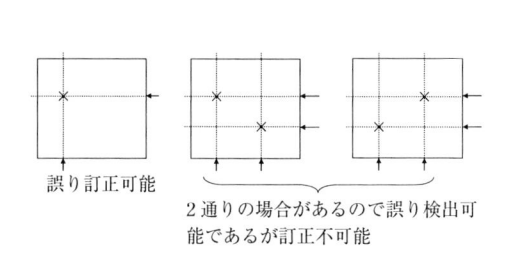

図 13.13 水平垂直パリティ検査符号による誤り訂正と検出

$$\begin{cases} c_{11} = w_{11} + w_{12}, & c_{21} = w_{21} + w_{22} \\ c_{12} = w_{11} + w_{21}, & c_{22} = w_{12} + w_{22} \\ c = c_{11} + c_{21} \end{cases} \tag{13.5}$$

このような水平垂直パリティ検査符号は1ビット誤りの訂正と2ビット誤りの検出が可能である．これを図13.13に示す．

13.5 誤り訂正符号――ハミング(7, 4)符号――

4個の情報ビット w_1, w_2, w_3, w_4 に対し，次式を用いて検査ビット c_1, c_2, c_3 を生成する．

$$\begin{cases} c_1 = w_1 + w_2 + w_3 \\ c_2 = w_2 + w_3 + w_4 \\ c_3 = w_1 + w_2 + w_4 \end{cases} \tag{13.6}$$

得られた検査ビットから次の符号語 w を生成する．

$$w = (w_1, w_2, w_3, w_4, c_1, c_2, c_3) \tag{13.7}$$

この符号語は長さが7ビットであるから全部で128個の系列が存在する．このうち符号語になり得るのは，情報の長さが4ビットであるから16個である．この符号をハミング(7, 4)符号と呼び，表13.1に示す．

ハミング(7, 4)符号のパリティ検査方程式は次式になる．

$$\begin{cases} w_1 + w_2 + w_3 + c_1 = 0 \\ w_2 + w_3 + w_4 + c_2 = 0 \\ w_1 + w_2 + w_4 + c_3 = 0 \end{cases} \tag{13.8}$$

したがって，シンドローム s は受信語を y とすれば

$$\begin{cases} s_1 = y_1 + y_2 + y_3 + y_5 \\ s_2 = y_2 + y_3 + y_4 + y_6 \\ s_3 = y_1 + y_2 + y_4 + y_7 \end{cases} \tag{13.9}$$

表13.1 ハミング(7, 4)符号

w_1	w_2	w_3	w_4	c_1	c_2	c_3
0	0	0	0	0	0	0
1	0	0	0	1	0	1
0	1	0	0	1	1	1
1	1	0	0	0	1	0
0	0	1	0	1	1	0
1	0	1	0	0	1	1
0	1	1	0	0	0	1
1	1	1	0	1	0	0
0	0	0	1	0	1	1
1	0	0	1	1	1	0
0	1	0	1	1	0	0
1	1	0	1	0	0	1
0	0	1	1	1	0	1
1	0	1	1	0	0	0
0	1	1	1	0	1	0
1	1	1	1	1	1	1

となる．誤りパターンを $e = (e_1, \cdots, e_7)$ とすると次式を得る．

$$\begin{cases} s_1 = e_1 + e_2 + e_3 + e_5 \\ s_2 = e_2 + e_3 + e_4 + e_6 \\ s_3 = e_1 + e_2 + e_4 + e_7 \end{cases}$$
(13.10)

表 13.2　単一誤りに対するシンドロームパターン

誤りパターン							シンドローム		
e_1	e_2	e_3	e_4	e_5	e_6	e_7	s_1	s_2	s_3
1	0	0	0	0	0	0	1	0	1
0	1	0	0	0	0	0	1	1	1
0	0	1	0	0	0	0	1	1	0
0	0	0	1	0	0	0	0	1	1
0	0	0	0	1	0	0	1	0	0
0	0	0	0	0	1	0	0	1	0
0	0	0	0	0	0	1	0	0	1
0	0	0	0	0	0	0	0	0	0

単一誤りに対するシンドロームを示したのが表 13.2 である．全ての単一誤りに対してシンドロームパターンは互いに異なるので，シンドロームパターンから単一誤りの位置が判別でき，1 ビット誤りの訂正が可能となる．

ハミング (7, 4) 符号のワード（符号語）誤り率 P_w を求める．ハミング (7, 4) 符号は 1 ビット誤り訂正であることから，7 ビット中に 2 ビット以上誤りが発生したときワード（符号語）誤りとなる．したがって，ワード誤り率 P_w は次式のようになる．

$$P_w = {}_7C_2 p^2 [1-p]^5 + {}_7C_3 p^3 [1-p]^4 + \cdots \approx 21p^2 \quad (13.11)$$

ここで，p は第 12 章で述べたビット誤り率である．

一方，誤り訂正符号化しないときのワード誤りはどうなるだろうか？　このときには情報ビット系列だけが送信される．ハミング (7, 4) 符号のワード誤り率と比較するため，1 ワードが情報 4 ビットで構成されるものとする．4 ビット中に 1 ビット以上誤りがあればワード誤りとなるから，ワード誤り率は次式のようになる．

$$P_w = 1 - [1-p]^4 \approx 4p \quad (13.12)$$

ビット誤り率が充分小さければ，ハミング (7, 4) 符号を用いたときのワード誤り率は，誤り訂正符号化しないときのワード誤り率よりも充分小さくすることができる．

13.6　符号化データのインタリーブ

これまで述べてきた誤り訂正符号化は，ランダムに発生する誤りを訂正するランダム誤り訂正符号化である．ところが，通信路では通信路状態が連続して悪化する場合がある．これは通信路に記憶があるからである．この場合，1 符号語中に多数のビット誤りが発生するから，誤り訂正符号を用いても訂正でき

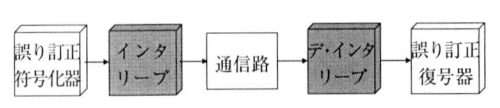

ない．そこで，図 13.14 のように符号化データの時間的順番を入れ換えて通信路に送出し，受信側でもとの順番に戻すことにより，記憶のない通信路に近い状態に変換できる．これをインタリーブ（交錯）という．連続して発生した雑音を時間的に離すことができるから，1 符号語の中に複数のビット誤りが発生する確率が少なくなるので，誤り訂正符号を用いて誤りを訂正できるようになる．

図 13.14 符号化データのインタリーブ

実用システムで広く用いられているのが図 13.15 に示す $n \times m$ ビットのブロックインタリーブである．送信側で用いるのがインタリーバーであり，送信ビット系列を行ごとに書き込み，列ごとに読み出す．受信側では逆の操作をする．同図には 8×8 ビットのブロックインタリーブを用いたときのインタリーバー入力，通信路入力，デ・インタリーバー出力系列を示してある．通信路に 17〜19 番目に送出された 3 ビットに連続誤りが発生したとする．もし，ハミング $(7, 4)$ 符号化はするがインタリーブを用いないとき，第 15〜21 番目のビットで構成された 1 ワードの中に 3 個の誤りが含まれるから，訂正できない．しかし，インタリーブを用いるとき，デ・インタリーバー出力をみると誤りが分散されているのがわかる．これによって 1 ワードに含まれる誤りの個数は 1 個になるから，誤り訂正できることになる．

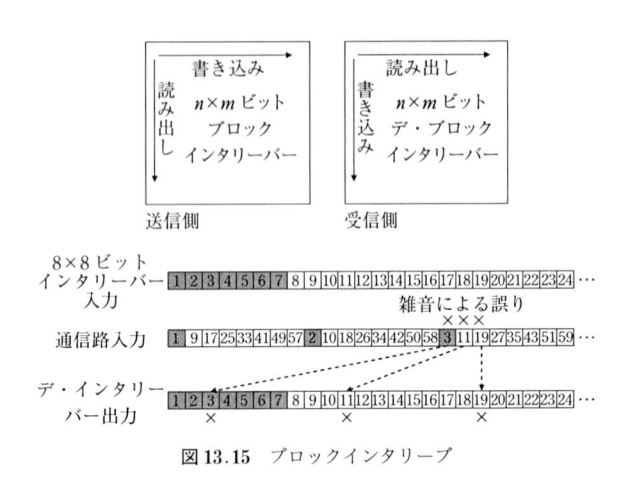

図 13.15 ブロックインタリーブ

演 習 問 題

13.1 ハミング $(7, 4)$ 符号は 1 ビット誤り訂正符号である．もし，7 ビット中に 2

ビットの誤りが発生したらどんな 4 ビットデータに復号されるか，$_7C_2$ 通りの誤りパターンについて調べよ．

13.2 2 PSK 伝送におけるハミング (7, 4) 符号のワード誤り率特性を，受信 E_b/N_0 の関数として求め，誤り訂正符号化しない 4 ビットワード誤り率と比較せよ．ただし，2 PSK 受信機では整合フィルタを用いるものとする．

13.3 ハミング (7, 4) 符号の符号間距離は 3 ビットで，1 ビット誤り訂正可能である．受信符号語中に 2 ビット以上のビット誤りが生ずると他の符号語に誤って復号される．つまり，7 ビット中に 3 ビットの誤りになってしまう．整合フィルタを用いる 2 PSK 伝送における復号後のビット誤り率特性を受信 E_b/N_0 の関数として求め，誤り訂正符号化しないときのビット誤り率と比較せよ．

14 多重伝送と多重アクセス

　ある地点から他の地点へ複数チャネルの信号を伝送するのにチャネルごとに異なる通信路を用いることはいかにも不経済である．そこでひとつの通信路を多数のチャネルで共用するようにしたのが多重伝送である．多重伝送の概念を示したのが図 14.1 である．多重伝送では，複数チャネルの信号が重ならないことが必要である．代表的な多重伝送方式は以下の 3 つである．

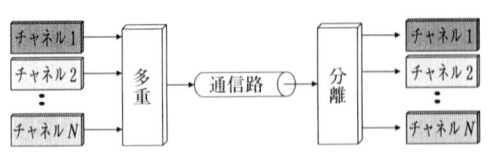

図 14.1　多重伝送

- 周波数分割多重（frequency division multiplexing：FDM）
- 時分割多重（time division multiplexing：TDM）
- 符号分割多重（code division multiplexing：CDM）

一方，多数の送信者がひとつの通信路を共有して送信するのが多重アクセスである．受信点はひとつである．多重アクセスの概念を図 14.2 に示す．3 つの方法がある．

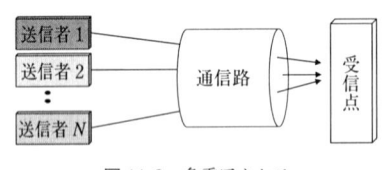

図 14.2　多重アクセス

- 周波数分割多重アクセス（frequency division multiple access：FDMA）
- 時分割多重アクセス（time division multiple access：TDMA）
- 符号分割多重アクセス（code division multiple access：CDMA）

　最も理解しやすい多重伝送や多重アクセスは，各チャネルの周波数スペクトルが重ならないように互いに異なる搬送波周波数を用いる FDM や FDMA であろう．ディジタル通信では，送信パルスの時間位置を各チャネルでずらす TDM や TDMA を用いることができる．最近では，送信信号より周波数帯域幅の広い符号系列を乗算して伝送する CDM や CDMA も使われるようになっ

14.1 多重伝送

a. 周波数分割多重（FDM）

FDMでは，図14.3のように，通信路の周波数帯域を分割し，複数チャネルの周波数スペクトルが互いに重ならないようにして伝送する．

SSBを用いた電話回線（0.3〜3.4 kHz）の周波数分割多重を説明する．SSB変調では搬送波 $\cos(2\pi f_c t)$ を変調信号 $g(t)$ に乗積し，上側波帯または下側波帯を帯域通過フィルタで取り出す．SSB波の帯域幅は4 kHzである．下側波帯を用いるSSB信号を12チャネル多重する場合は，周波数スペクトルが重ならないように搬送波周波数を4 kHz間隔で配置し，各チャネルの下側波帯成分だけを取り出し通信路に送り出す．12チャネルSSB多重信号を復調するときは，まず帯域通過フィルタで各チャネルの下側波帯成分を取り出し，送信側に同期した搬送波を生成して乗積する．

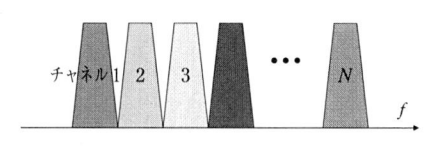

図14.3 周波数分割多重（FDM）

b. 時分割多重（TDM）

ディジタル通信では，まずアナログ信号をナイキスト周波数で標本化する．PAMを用いるとき，送信パルスはナイキスト間隔で伝送すればよいので，空き時間がある．これを利用して複数チャネルのパルスをひとつの通信路で伝送するのが時分割多重である．複数のチャネルのパルスが互いに重ならないように，ナイキスト間隔内で順番に伝送する．

PCMを用いた電話回線の24チャネル時分割多重の例を説明する．まず音声信号を帯域通過フィルタで帯域制限し，標本化周波数8 kHzで標本化する．標本間隔は125 μs（マイクロ秒）である．125 μsの間に24チャネル分の標本を時分割多重し，これを7ビットPCM符号化する．PCMを用いた24チャネルTDM信号のビット系列を図14.4に示す．1標本あたりのビット数は7ビットであるが，これに制御信号（ダイアル信号など）を1ビット付け加える．このようにすると125 μsの間に1チャネルあたり8ビットを伝送するこ

とになるから，1 チャネルあたりのビットレート（伝送速度）は 64 kbps（キロビット/秒）である．したがって 24 チャネル分を時分割多重すれば，125 μs の間に合計で 8×24 ビットのパルスを伝送することになる．その最後にフレーム同期ビットを 1 ビット伝送する．これは各チャネルの正確な時間位置を示すためである．したがって，125 μs 間に合計で 193 ビットになるので総合のビットレートは 1.544 M（=193/125 μs）bps となる．

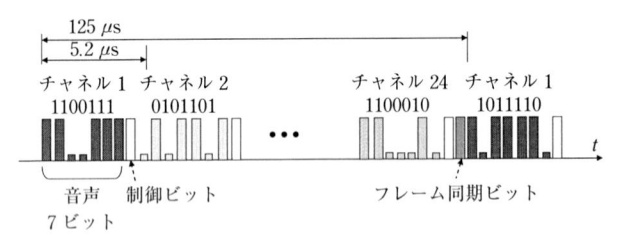

図 14.4 PCM を用いた 24 チャネル TDM 信号のビット系列

もうひとつの例はサービス統合ディジタル網（integrated services digital network：ISDN）で用いられている時分割多重である．ISDN では，多重される信号は音声ばかりとは限らない．音声信号やファクスやデータ伝送など，さまざまなディジタル情報を多重化して伝送することができる．回線交換サービスとパケット交換サービスとがある．ISDN の基本インタフェースは 2B+D と呼ばれ，図 14.5 に示すように，64 kbps で回線交換形式のユーザデータを伝送する B チャネルが 2 本，16 kbps で制御データとパケット形式のユーザデータを伝送する D チャネルが 1 本の，合計で 144 kbps の伝送速度を提供している．

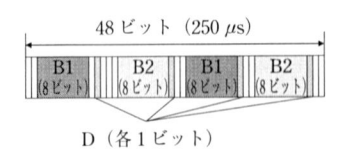

図 14.5 ISDN の基本インタフェース

c．符号分割多重（CDM）

符号分割多重は，周波数分割多重や時分割多重と違って，かなり理解が難しい．複数チャネルの信号が時間的にも周波数的にも互いに重なっているからである．図 14.6 に示すように，信号より周波数帯域幅の広い拡散系列を乗算して伝送するのであるが，互いに異なる拡散系列を用いるのが符号分割多重である．任意の 2 つの拡散系列間の相互相関が 0 に近いことが要求される．

14.1 多重伝送

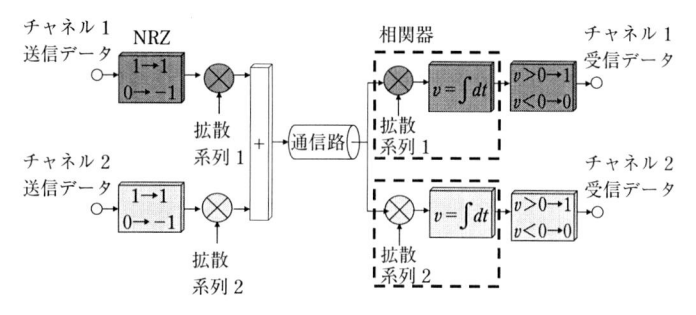

図 14.6 符号分割多重 (CDM)

チャネル j の 2 値データ信号を $d_j=\{1,-1\}$，拡散系列を $c_j(t)=\{1,-1\}$ とすると，多重信号は次式で表される．

$$s_{\mathrm{CDM}}(t)=\sum_j A_j d_j c_j(t) \tag{14.1}$$

受信側では，拡散系列 $c_i(t)$ を乗積して積分する相関検出を行って，チャネル i のデータ信号 d_i を多重信号から分離して取り出す．すなわち，相関検出器出力は

$$\begin{aligned}
v_i &= \frac{1}{T}\int_0^T s_{\mathrm{CDM}}(t)\,c_i(t)\,dt \\
&= A_i d_i \frac{1}{T}\int_0^T c_i^{\,2}(t)\,dt + \sum_{j\neq i} A_j d_j \left[\frac{1}{T}\int_0^T c_j(t)\,c_i(t)\,dt\right] \\
&= A_i d_i + \sum_{j\neq i} A_j d_j \left[\frac{1}{T}\int_0^T c_j(t)\,c_i(t)\,dt\right]
\end{aligned} \tag{14.2}$$

となる．ここで T はデータ長である．上式の第 2 項成分が次式の条件を満足すればチャネル i のデータ信号を完全に分離できる．

$$\frac{1}{T}\int_0^T c_j(t)\,c_i(t)\,dt = \begin{cases} 1, & j=i \\ 0, & j\neq i \end{cases} \tag{14.3}$$

この条件を満足する拡散系列の集合が直交拡散符号である．

図 14.7 は周期 4 チップ（送信データを細かく区切るということからチップという用語が広く用いられている）の拡散符号を用いて 4 多重するときの例である．直交拡散符号には 4 つの系列がある．ただし，符号 "0" は -1 である．任意の 2 つの系列の相互相関は 0 になることがわかる．4 つのチャネルの送信データにそれぞれ異なる系列を乗積すれば，互いに影響を与えることなく多重することができる．図 14.7 (b) は系列 "1001" を送信データに乗積したとき

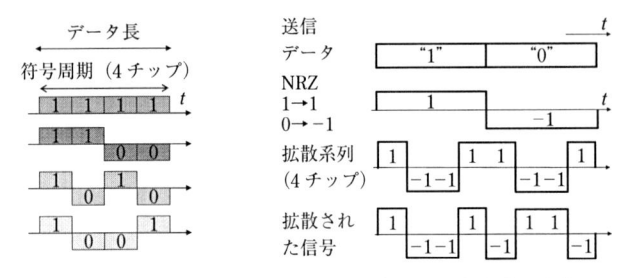

(a) 周期 4 チップの直交拡散符号　　(b) 拡散された送信信号の生成

図 14.7 周期 4 チップの拡散符号を用いる CDM

の送信信号の波形である．もし，周期 8 チップの直交符号を用いれば，8 個の直交系列が存在する．

14.2 多重アクセス

　無線を用いる多重アクセスの例が図 14.8 に示す携帯電話である．現在広く利用されている携帯電話はディジタル方式を採用している．

　日本では，TDMA を用いる PDC（personal digital cellular）という方式と CDMA を用いる IS 95 方式が使われている．これらは第 2 世代方式と呼ばれる（1979 年に日本に登場した自動車電話方式はアナログ技術を用いた方式で，第 1 世代方式と呼ばれている）．また，携帯電話として分類されていないが，日本で標準化された PHS（personal handy phone）も広く利用されている．最近では，高速のデータサービスを提供する W-CDMA や CDMA 2000 という CDMA を用いる第 3 世代方式が使われるようになった．

a. 時分割多重アクセス（TDMA）を用いる携帯電話

　PDC は，日本で標準化された携帯電話方式である．下りリンク（基地局から携帯機へ通信するための回線）では時分割多重（TDM）を用いている．基地局は 6 ユーザのデータを時分割多重して送信する．一方，上りリンク（携帯機から基地局へ通信するための回線）では時分割多重アクセス（TDMA）が使われている．図 14.8 (a) のように，6 ユーザが互いに時間が重ならないようにして時分割で基地局へアクセスする．各ユーザは 40 ms（ミリ秒）に 1 回，信号を送信する．チャネル 1〜6 の 6 個のチャネルがあり，これが 6 人の

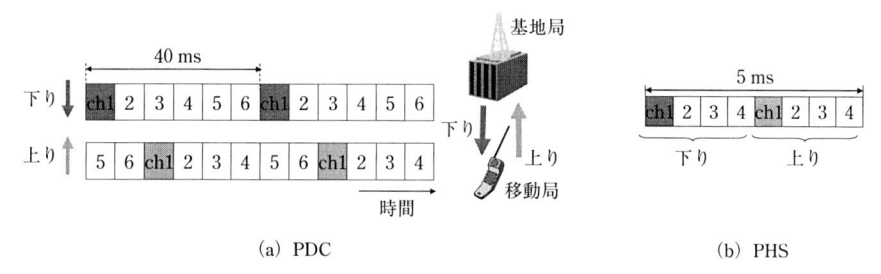

図14.8　携帯電話における多重アクセス

ユーザに割り当てられる．

　PHSは下りリンクにTDMを，上りリンクにTDMAを用いている．この点だけをみればPDC携帯電話と同じである．しかし，両方式には違いがある．ひとつは1ユーザあたりの伝送速度である．音声伝送速度はPDCでは5.6 kbpsであるが，PHSは32 kbpsでありADPCMを用いている．もうひとつの違いは，PHSでは上りリンクと下りリンクの搬送波周波数が同じであることである．このため，上りリンクと下りリンクの信号が時間的に重ならないように，上りリンクと下りの時間を分けている．これを図14.8 (b)に示す．PHSのように，同じ搬送波周波数を時間を分けて上りリンクと下りリンクに用いることを時分割双方向（TDD）通信と呼ぶ．一方，上りリンクと下りリンクで周波数の異なる搬送波を用いることを周波数分割双方向（FDD）通信と呼ぶ．

b．符号分割多重アクセス（CDMA）を用いる携帯電話

　最大2 Mbpsの伝送が可能で，音声だけでなく，インターネット通信や画像通信が高速に行えるように設計された第3世代方式と呼ばれる携帯電話方式が日本で2001年10月より使われている．下りリンクにCDM，上りリンクにCDMAを用いている．下りリンクでは，全ユーザの信号が基地局から送信されるので時間同期している．14.1節c項で述べた直交符号を拡散に用いることができる．直交拡散符号を用いれば相互相関が0になるので，複数チャネルを多重することができる．一方，上りリンクでは送信時間の同期の実現は難しい．各ユーザの位置が異なるため同じ時間基準が得られないからである．そのため，上りリンクでは直交符号を使わずに長周期の擬似雑音（pseudo noise：PN）系列を用いている．図14.7では，理解しやすいように周期4チップの

直交拡散符号を用いた下りリンクの符号分割多重を説明した．同じチャネルのどのデータ信号にも同じ 4 チップ拡散系列が繰り返し乗積される．しかし，上りリンクでは長周期拡散符号を用いるので，送信データごとに異なる長さ 4 チップの系列が乗積される．

演 習 問 題

14.1 多重化には，(a) 周波数分割多重，(b) 時分割多重と，(c) 符号分割多重がある．3 つの多重化方式の特徴を簡潔に述べよ．

14.2 音声信号を 8 kHz で標本化し，128 レベルで量子化して符号化する PCM 符号化を考える．下記の問に答えよ．
  (1) 音声の 1 標本は何ビットの PCM 符号に符号化されるか．
  (2) こうして得られた PCM 符号に 1 ビットの制御ビット（たとえば通信中に伝送したいダイアル信号など）を付け加える．このときの PCM 信号のビットレート（bps）を求めよ．
  (3) このような PCM 信号を 24 チャネル多重した時分割多重信号のビットレートを求めよ．ただし，1 フレーム（125 マイクロ秒）ごとに 1 ビットのフレーム同期ビットを挿入するものとする．

演習問題解答

第 2 章

2.1

(1) $G(f) = \dfrac{\sin(\pi f \tau)}{\pi f \tau}$

(2) $\tau \to 0$ のとき $G(f) = \dfrac{\sin(\pi f \tau)}{\pi f \tau} \to 1$ であるから
$$G(f) = \int_{-\infty}^{\infty} \delta(t) \exp(-j2\pi f t) \, dt = 1$$

インパルス関数の周波数スペクトル密度は連続で，全ての周波数点の振幅が 1 で位相がそろっている．

2.2 $g(t) = \dfrac{1}{T} + \dfrac{2}{T} \sum_{n=1}^{\infty} \left[\dfrac{\sin(\pi n \tau / T)}{(\pi n \tau / T)} \right] \cos(2\pi n t / T)$

$\qquad = \dfrac{1}{T} \sum_{n=-\infty}^{\infty} \left[\dfrac{\sin(\pi n \tau / T)}{(\pi n \tau / T)} \right] \exp(j 2\pi n t / T)$

$\qquad G(f) = \dfrac{1}{T} \sum_{n=-\infty}^{\infty} \left[\dfrac{\sin(\pi n \tau / T)}{\pi n \tau / T} \right] \delta(f - n/T)$

2.3 $g(t) = \dfrac{1}{T} + \dfrac{2}{T} \sum_{n=1}^{\infty} \cos(2\pi n t / T) = \dfrac{1}{T} \sum_{n=-\infty}^{\infty} \exp(j 2\pi n t / T)$

$\qquad G(f) = \dfrac{1}{T} \sum_{n=-\infty}^{\infty} \delta(f - n/T)$

2.4

(1) $g(t) = -2 \sum_{n=1}^{\infty} \dfrac{(-1)^n}{n\pi} \sin(2\pi n t / T) = j \sum_{\substack{n=-\infty \\ \neq 0}}^{\infty} \dfrac{(-1)^n}{n\pi} \exp(j 2\pi n t / T)$

(2) $g(t) = \dfrac{1}{2} - 2 \sum_{n=1}^{\infty} \dfrac{1 - (-1)^n}{(n\pi)^2} \cos(2\pi n t / T) = \sum_{n=-\infty}^{\infty} \dfrac{1 - \cos(n\pi)}{(n\pi)^2} \exp(j 2\pi n t / T)$

(3) $g(t) = \dfrac{2}{\pi} - \dfrac{4}{\pi} \sum_{n=1}^{\infty} \dfrac{(-1)^n}{4n^2 - 1} \cos(2\pi n t / T) = -\dfrac{2}{\pi} \sum_{n=-\infty}^{\infty} \dfrac{(-1)^n}{4n^2 - 1} \exp(j 2\pi n t / T)$

(4) $g(t) = \dfrac{2}{\pi} - \dfrac{4}{\pi} \sum_{m=1}^{\infty} \dfrac{1}{4m^2 - 1} \cos(4\pi m t / T) = -\dfrac{2}{\pi} \sum_{m=1}^{\infty} \dfrac{1}{4m^2 - 1} \exp(j 4\pi m t / T)$

第 3 章

3.1

(1) $y(t) = \dfrac{1}{T} + \dfrac{2}{T} \dfrac{\sin(\pi \tau / T)}{\pi \tau / T} \cos(2\pi t / T)$

(2) $\quad y(t) = \dfrac{2}{\pi}\sin(2\pi t/T)$

(3) $\quad y(t) = \dfrac{1}{2} - \dfrac{4}{\pi^2}\cos(2\pi t/T)$

(4) $\quad y(t) = \dfrac{2}{\pi} + \dfrac{4}{3\pi}\cos(2\pi t/T)$

(5) $\quad y(t) = \dfrac{2}{\pi}$

3.2

(1) $\quad H(f) = T\left[\dfrac{\sin(\pi fT)}{\pi fT}\right]\exp(-j\pi fT)$

(2) $\quad H'(f) = H^2(f) = T^2\left[\dfrac{\sin(\pi fT)}{\pi fT}\right]^2\exp(-j2\pi fT)$

$\quad y(t) = \dfrac{2AT}{\pi}\displaystyle\int_0^\infty \left[\dfrac{\sin x}{x}\right]^2 \cos(2x(t/T-1))\,dx$

$\quad = \begin{cases} AT(1-|(t/T-1)|), & 0<t<2T \\ 0, & \text{その他} \end{cases}$

$\quad \varepsilon(f) = A^2|H'(f)|^2 = A^2 T^4\left[\dfrac{\sin(\pi fT)}{\pi fT}\right]^4$

3.3 積分フィルタのインパルス応答は

$$h(t) = \begin{cases} 1, & 0 \leq t \leq T \\ 0, & \text{その他} \end{cases}$$

であるから

$$H(f) = T\dfrac{\sin(\pi fT)}{\pi fT}\exp(-j\pi ft)$$

第4章

4.1 $\quad P_y(f) = (N_0/2)|H(f)|^2 = \begin{cases} N_0/2, & |f| \leq B \\ 0, & \text{その他} \end{cases}$

$\quad R_{yy}(\tau) = \displaystyle\int_{-\infty}^\infty P_y(f)\exp(j2\pi f\tau)\,df = N_0 B\dfrac{\sin(2\pi B\tau)}{2\pi B\tau}$

4.2 $\quad P_y(f) = P_n(f)|H(f)|^2 = \begin{cases} \dfrac{N_0}{2}, & |f \pm f_c| \leq B/2 \\ 0, & \text{その他} \end{cases}$

$\quad R_{yy}(\tau) = \displaystyle\int_{-\infty}^\infty P_y(f)\exp(j2\pi f\tau)\,df = N_0\left[\dfrac{\sin(\pi B\tau)}{\pi B\tau}\right]\cos(2\pi f_c\tau)$

4.3

(1) 帯域通過雑音 $n(t)$ と $A\cos(2\pi f_c t)$ とを乗算して得られる $w(t)$ は

$\quad w(t) = (A/2)n_c(t) + (A/2)[n_c(t)\cos(4\pi f_c t) - n_s(t)\sin(4\pi f_c t)]$

ところで, $n(t)$ の電力スペクトルは $\pm f_c$ の周りに対称に分布しているから,

$P_{cs}(f)=0$ である．したがって
$$P_w(f)=(A^2/4)P_{cc}(f)+(A^2/8)[P_{cc}(f-f_c)+P_{cc}(f+f_c)]$$
$$P_w=\int_{-\infty}^{\infty}P_w(f)\,df=(A^2/2)N_0B$$

ここで
$$P_{cc}(f)=\begin{cases}N_0, & |f|\leq B/2 \\ 0, & その他\end{cases}$$

(2) $w(t)$ のうちの低域成分のみがフィルタを通過するから，$v(t)=(A/2)n_c(t)$ である．したがって
$$P_v(f)=(A^2/4)P_{cc}(f), \qquad P_v=\int_{-B/2}^{B/2}P_v(f)\,df=(A^2/4)N_0B$$

第5章

5.1 雑音電力は $P_y=N_0B$，信号電力は $P_s=A^2/2$ であるので信号対雑音電力比は
$$S/N=P_s/P_y=A^2/(2N_0B)$$

5.2 フィルタ出力雑音電力 N は
$$N=(N_0/2)\int_{-\infty}^{\infty}|H(f)|^2df=N_0\int_0^{\infty}|H(f)|^2df$$
ここで，$x=f-f_c$ とおくと
$$N\approx N_0\int_{-\infty}^{\infty}\exp(-4\ln 2(x/B)^2)\,dx=2N_0\int_0^{\infty}\exp(-4\ln 2(x/B)^2)\,dx$$
$$\approx(N_0B/2)\sqrt{\pi/\ln 2}=2.2\times 10^{-16}\text{ Watt}$$
信号電力 P_s は
$$P_s=N\times S/N=N\times 10=2.2\times 10^{-15}\text{ Watt}$$

5.3 $F_{\text{total}}=F_1+\dfrac{F_2-1}{G_1}+\dfrac{F_3-1}{G_1G_2}=2+\dfrac{2-1}{10}+\dfrac{2-1}{100}=2.11 \quad (3.2\text{ dB})$

$G_{\text{total}}=G_1G_2G_3=1000 \quad (30\text{ dB})$

第6章

6.1

(1) $\tilde{G}(f)=\dfrac{1}{2}\int_{-\infty}^{\infty}g(t)\cos(2\pi t/T)\exp(-j2\pi ft)\,dt$

$\qquad =\dfrac{1}{2}[G(f-1/T)+G(f+1/T)]$

(2) $\tilde{g}(t)=\int_{-\infty}^{\infty}G(f)\cos(2\pi fT)\exp(j2\pi ft)\,df=\dfrac{1}{2}[g(t+T)+g(t-T)]$

6.2 $\cos(2\pi f_c t)$ を半波整流したときの波形を $q(t)$ とする．$q(t)$ は周期 $1/f_c$ の偶関数であるから，これをフーリエ級数で表す．半波整流した AM 波は

$$v_o(t) = \frac{A_c}{\pi}\{1 + m_{\text{AM}}s(t)\}$$
$$+ A_c\{1 + m_{\text{AM}}s(t)\}\left[\frac{1}{2}\cos(2\pi f_c t) - \frac{2}{\pi}\sum_{k=1}^{\infty}\frac{(-1)^k}{4k^2-1}\cos(4\pi k f_c t)\right]$$

低域通過フィルタは第1項の成分のみ通過させる．また，コンデンサにより，直流成分が遮断されるから

$$v_o(t) = (A_c/\pi)\, m_{\text{AM}}s(t)$$

6.3 AM 包絡線検波器出力の S/N

$$(S/N)_{\text{out}} = \frac{2m^2_{\text{AM}}\overline{s^2(t)}}{1 + m^2_{\text{AM}}\overline{s^2(t)}}\frac{P_{s,\text{in}}}{(2f_m)N_0}$$

に，$m_{\text{AM}}=1$, $\overline{s^2(t)}=1/2$, $P_{s,\text{in}}=P_s G$, $N_0=kT\cdot F\cdot G$ を代入すると

$$(S/N)_{\text{out}} = P_s/(3f_m kTF)$$

これをデシベルで表すと

$10\log_{10}(S/N)_{\text{out}} = 10\log_{10}1/3 + 10\log P_s - 10\log f_m - 10\log k - 10\log T - 6$
$\qquad = 53.1\ \text{dB}$

第 7 章

7.1

(1) $g_{\text{FM}}(t) \approx A_c\cos(2\pi f_c t) - A_c m_{\text{FM}}\sin(2\pi f_m t)\sin(2\pi f_c t)$
$\qquad = A_c\cos(2\pi f_c t) - (A_c/2)m_{\text{FM}}\{\cos(2\pi(f_c+f_m)t) - \cos(2\pi(f_c-f_m)t)\}$

より

$$G_{\text{FM}}(f) \approx (A_c/2)\{\delta(f-f_c) + \delta(f+f_c)\}$$
$$- (A_c/4)m_{\text{FM}}\left\{\begin{array}{l}\delta(f-(f_c+f_m)) - \delta(f-(f_c-f_m))\\ + \delta(f+(f_c+f_m)) - \delta(f+(f_c-f_m))\end{array}\right\}$$

(2) $g_{\text{AM}}(t) = A_c\cos(2\pi f_c t) + (A_c/2)m_{\text{FM}}\{\cos(2\pi(f_c+f_m)t) + \cos(2\pi(f_c-f_m)t)\}$

より

$$G_{\text{AM}}(f) \approx (A_c/2)\{\delta(f-f_c) + \delta(f+f_c)\}$$
$$- (A_c/4)m_{\text{FM}}\left\{\begin{array}{l}\delta(f-(f_c+f_m)) + \delta(f-(f_c-f_m))\\ + \delta(f+(f_c+f_m)) + \delta(f+(f_c-f_m))\end{array}\right\}$$

同じ周波数位置に FM 波と AM 波の線スペクトルが現れる．しかし，周波数が f_c-f_m の FM 波の成分の位相は AM 波のそれより 180°シフトしている．

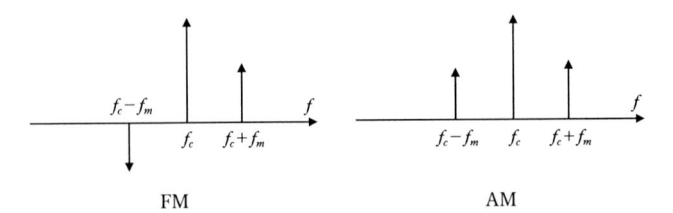

解答 7.1

7.2 FM検波器出力 S/N

$$(S/N)_{\text{out}} = 3m^2_{\text{FM}} \overline{s^2(t)} \frac{P_{s,\text{in}}}{f_m N_0}$$

に, $m_{\text{FM}}=10$, $\overline{s^2(t)}=1/2$, $P_{s,\text{in}}=P_s G$, $N_0=kT \cdot F \cdot G$ を代入して

$$(S/N)_{\text{out}} = 150 P_s/(f_m kTF)$$

これをデシベルで表すと

$10 \log_{10}(S/N)_{\text{out}} = 10 \log_{10} 150 + 10 \log P_s - 10 \log f_m - 10 \log k - 10 \log T - 6$
$\qquad = 79.6 \text{ dB}$

第8章

8.1

(1) $g_s(t) = g(t) p_s(t) = \dfrac{1}{T} \sum\limits_{n=-\infty}^{\infty} \dfrac{\sin(\pi(n/T)\tau)}{\pi(n/T)\tau} g(t) \exp(j2\pi(n/T)t)$

より

$$G_s(f) = \frac{1}{T} \sum_{n=-\infty}^{\infty} \frac{\sin(\pi(n/T)\tau)}{\pi(n/T)\tau} G(f-(n/T))$$

(2) $T \leq 1/(2f_m)$, $B = 1/(2T)$

8.2

(1) $g(t)$ を周期 T のインパルス系列で瞬時標本化して得られる標本系列の周波数スペクトル密度は $(1/T) \sum\limits_{n=-\infty}^{\infty} G(f-n/T)$ であり, サンプル・ホールド回路の伝達関数 $H(f)S\&H$ は

$$H(f)S\&H = T\left[\frac{\sin(\pi fT)}{\pi fT}\right] \exp(-j\pi fT)$$

であるので, 波形 $\tilde{g}_s(t)$ の周波数スペクトル密度 $\tilde{G}_s(f)$ は

$$\tilde{G}_s(f) = \sum_{n=-\infty}^{\infty} G(f-n/T) \left[\frac{\sin(\pi fT)}{\pi fT}\right] \exp(-j\pi fT)$$

(2) $f_s = 1/T \geq 2f_m$

(3) $H(f) = \begin{cases} \left[\dfrac{\sin(\pi fT)}{\pi fT} \exp(-j\pi fT)\right]^{-1}, & |f| \leq 1/(2T) \\ 0, & \text{その他} \end{cases}$

8.3

(1) $g(t)$ のフーリエ変換を $G(f)$ とすると, 周波数領域での標本化は次式のように表せる.

$$G_s(f) = G(f) \sum_{n=-\infty}^{\infty} \delta(f-nF)$$

ここで, F は標本化のための周波数間隔. $G_s(f)$ を逆フーリエ変換すると

$$g_s(t) = \int_{-\infty}^{\infty} G_s(f) \exp(j2\pi ft) \, df = \int_{-\infty}^{\infty} g(t') \left[\sum_{n=-\infty}^{\infty} \exp(j2\pi nF(t-t'))\right] dt'$$

$$= \int_{-\infty}^{\infty} g(t') \left[\frac{1}{F} \sum_{n=-\infty}^{\infty} \delta(t-t'-n/F)\right] dt' = \frac{1}{F} \sum_{n=-\infty}^{\infty} g(t-n/F)$$

$g_s(t)$ はもとの時間関数 $g(t)$ を $1/F$ ずつ時間シフトした周期関数になる．したがって，$F \leq 1/\tau$ に選べば，時間シフトした関数に重なりは生じないから，時間区間 $[-\tau/2, \tau/2]$ に制限された信号波形は，その周波数スペクトルを $F=1/\tau$ Hz より短い周波数間隔で標本化して得られる標本系列によって一義的に決定できる．

(2) もとの時間波形を復元する時間領域フィルタは次式の通り．
$$H(t) = \begin{cases} 1, & |t| \leq 1/(2F) \\ 0, & |t| > 1/(2F) \end{cases}$$

8.4 $s^2(t) = A^2\{\cos(4\pi t)\}^2 = A^2\{\cos(8\pi t)+1\}/4$ であるから周波数は 4 Hz になるので，ナイキスト周波数は $f_s = 8$ Hz である．

第9章

9.1
(1) 128 レベルであるので，音声の1標本は7ビットの PCM 符号に符号化される．7ビット符号に1ビットの制御ビットが付加されるから，音声の1標本あたりのビット数は合計で8ビット．音声標本化レートは 8 kHz（125 μs 間隔）であるから，PCM ビットレートは 64 kbps．

(2) 24 チャネル時分割多重した多重信号のビットレートは 1536 kbps である．125 μs ごとに1ビット付加されるフレーム同期ビットのビットレートは 8 kbps であるから，合計で 1544 kbps．

9.2 平均2乗誤差（MSE）は
$$e^2 = E[|s_n - \hat{s}_n|^2] = E[|s_n|^2] - 2E[s_n \hat{s}_n] + E[|\hat{s}_n|^2]$$
MSE を最小とする重み w_i は，$\partial e^2/\partial w_i = 0$ より
$$\sum_{j=1}^{p} w_j \rho(j-i) = \rho(i), \quad i=1 \sim p$$
ここで，$\rho(j-i) = \rho(i-j) = E[s_{n-j}s_{n-i}]$ は自己相関関数．これを解くと
$$\begin{bmatrix} w_1 \\ w_2 \\ \cdots \\ w_{p-1} \\ w_p \end{bmatrix} = \begin{bmatrix} \rho(0) & \rho(1) & \cdots & \rho(p-2) & \rho(p-1) \\ \rho(1) & \rho(0) & \cdots & \rho(p-3) & \rho(p-2) \\ \cdots & \cdots & \cdots & \cdots & \cdots \\ \rho(p-2) & \rho(p-3) & \cdots & \rho(0) & \rho(1) \\ \rho(p-1) & \rho(p-2) & \cdots & \rho(1) & \rho(0) \end{bmatrix}^{-1} \begin{bmatrix} \rho(1) \\ \rho(2) \\ \cdots \\ \rho(p-1) \\ \rho(p) \end{bmatrix}$$

第10章

10.1
(1) 自己相関関数は
$$R_{\text{NRZ}}(\tau) = \begin{cases} 1-|\tau|/T, & |\tau| \leq T \text{ のとき} \\ 0, & \text{その他} \end{cases}$$
となるので，電力スペクトル密度は次式のようになる．

$$P_{\text{NRZ}}(f) = \int_{-\infty}^{\infty} R_{\text{NRZ}}(\tau) \exp(-j2\pi f\tau)\, d\tau = T\left[\frac{\sin(\pi fT)}{\pi fT}\right]^2$$

(2) 自己相関関数は

$$R_{\text{DSB}}(\tau) = \begin{cases} \dfrac{A_c{}^2}{2}(1-|\tau|/T)\cos(2\pi f_c\tau), & |\tau| \leq T \text{ のとき} \\ 0, & \text{その他} \end{cases}$$

となるので,電力スペクトル密度は次式のようになる.

$$P_{\text{DSB}}(f) = \int_{-\infty}^{\infty} R_{\text{DSB}}(\tau)\exp(-j2\pi f\tau)\, d\tau$$
$$= \frac{A_c{}^2 T}{4}\left[\left(\frac{\sin(\pi(f-f_c)T)}{\pi(f-f_c)T}\right)^2 + \left(\frac{\sin(\pi(f+f_c)T)}{\pi(f+f_c)T}\right)^2\right]$$

10.2

(1) 電力スペクトル密度は自己相関関数のフーリエ変換であることを用いる.

$$P_s(f) = \int_{-R}^{\infty} R_{ss}(\tau)\exp(-j2\pi f\tau)\, d\tau$$

ディジタル被変調波 $s(t)$ の自己相関関数 $R(t)$ は

$$R_{ss}(\tau) = \lim_{N\to\infty} \frac{1}{2NT}\int_{-NT}^{NT} s(t)s(t+\tau)\, dt$$

である.送信データは独立で偏りがないとすると,$A_c{}^2/2$ ディジタル被変調波の自己相関関数は

$$R_{ss}(\tau) = \frac{A_c{}^2}{2}\left[\frac{1}{T}\int_{-\infty}^{\infty} h_T(t)h_T(t+\tau)\, dt\right]\cos(j2\pi f_c\tau)$$

フーリエ変換を適用して電力スペクトル $P(f)$ を求めると

$$P_s(f) = \frac{1}{4}[P(f-f_c) + P(f+f_c)]$$

ただし

$$P(f) = \frac{A_c{}^2}{T}|H_T(f)|^2$$

(2) $H_T(f) = T\left[\dfrac{\sin(\pi fT)}{\pi fT}\right]$ であるので

$$P_s(f) = \frac{A_c{}^2 T}{4}\left[\left(\frac{\sin(\pi(f-f_c)T)}{\pi(f-f_c)T}\right)^2 + \left(\frac{\sin(\pi(f+f_c)T)}{\pi(f+f_c)T}\right)^2\right]$$

第 11 章

11.1 標本化時点を $t_m = T$ とするときの整合フィルタのインパルス応答 $h_R(t)$ は,$h_R(t) = s(T-t)$ であるが,$s(t)$ の存在範囲は $0 \leq t \leq T$ なので

$$h_R(t) = \begin{cases} -A_c\sin(8\pi t/T), & 0 \leq t \leq T \\ 0, & \text{その他} \end{cases}$$

すなわち,$h_R(t)$ は信号 $s(t)$ の符号反転波形になる.

$s(\tau)$ と $h_R(t-\tau)$ の存在範囲が限られているから,整合フィルタの出力 $s_r(t)$ は

$$s_r(t) = \int_{-\infty}^{\infty} s(\tau) h_R(t-\tau) d\tau$$

$$= \begin{cases} \dfrac{A_c^2 T}{2}\left\{(t/T)\cos(8\pi t/T) - \dfrac{\sin(8\pi t/T)}{8\pi}\right\}, & 0 \leq t < T \\ \dfrac{A_c^2 T}{2}\left\{(2-t/T)\cos(8\pi t/T) + \dfrac{\sin(8\pi t/T)}{8\pi}\right\}, & T \leq t < 2T \end{cases}$$

11.2 標本時点を $t_m = T$ とするときの整合フィルタのインパルス応答 $h_R(t)$ は $h_R(t) = s(T-t)$ であるが，$s(t)$ の存在範囲が $0 \leq t \leq T$ なので

$$h_R(t) = \begin{cases} -A_c(1-t/T)\sin(8\pi t/T), & 0 \leq t \leq T \\ 0, & その他 \end{cases}$$

すなわち，$h_R(t)$ は記号 $s(t)$ の符号反転波形になる．

$s(\tau)$ と $h_R(t-\tau)$ の存在範囲が限られているから，整合フィルタの出力 $s_r(t)$ は

$$s_r(t) = \int_{-\infty}^{\infty} s(\tau) h_R(t-\tau) d\tau = \begin{cases} \int_0^t s(\tau) h_R(t-\tau) d\tau, & 0 \leq t \leq T \\ \int_{-T}^T s(\tau) h_R(t-\tau) d\tau, & T < t \leq 2T \\ 0, & その他 \end{cases}$$

ただし，$x = \tau/T$ とおくと

$$\int s(\tau) h_R(t-\tau) d\tau = \dfrac{A_c^2 T}{2}\cos(8\pi t/T)$$

$$\left[(1-t/T)x^2/2 + x^3/3 - (1-t/T)\int x\cos(16\pi x)dx - \int x^2\cos(16\pi x)dx\right]$$

$$-\dfrac{A_c^2 T}{2}\sin(8\pi t/T)\left[(1-t/T)\int x\sin(16\pi x)dx + \int x^2\sin(16\pi x)dx\right]$$

上式は，三角関数の公式を使って解くことができる．フィルタ出力波形は複雑なので標本化時点 $t = t_m(=T)$ のときの出力値のみを示すと次式のようになる．

$$s_r(T) = \int_0^T s(\tau) h_R(T-\tau) d\tau = \dfrac{A_c^2 T}{2}\left[\dfrac{1}{3} - \dfrac{2}{(16\pi)^2}\right]$$

11.3

(1) 整合フィルタ出力は

$$s_r(T) = \pm A_c^2 \int_0^T \cos(2\pi f_c t)\cos(2\pi f_c t + \Delta\theta) dt \approx \pm (A_c^2 T/2)\cos(\Delta\theta)$$

(2) 位相差 $\Delta\theta$ が大きくなるにつれ出力が小さくなり，$\Delta\theta = \pm \pi/2$ ラジアンのとき出力が零．また，$\pi/2 < |\Delta\theta| < \pi$ では出力の符号が送信データと逆の符号になる．

11.4 $S_R(t_m) = \int_{-\infty}^{\infty} s(t_m - \tau) h_R(\tau) d\tau$

$$= \int_{-\infty}^{\infty}\left(\int_{-\infty}^{\infty} s(f)\exp(j2\pi f(t_m-\tau)) df\right) h_R(\tau) d\tau$$

$$= \int_{-\infty}^{\infty} s(t)\exp(j2\pi f t_m)\left(\int_{-\infty}^{\infty} h_R(\tau)\exp(-j2\pi f\tau) d\tau\right) df$$

$$= \int_{-\infty}^{\infty} s(f) H(f) \exp(j2\pi f t_m) \, df$$

$$E[n_R{}^2(t_m)] = E\left[\left(\int_{-\infty}^{\infty} n(t_m-\tau) h_R(\tau) \, d\tau\right)^2\right]$$

$$= \int_{-\infty}^{\infty}\int_{-\infty}^{\infty} E[n(t_m-\tau) n(t_m-\tau')] h_R(\tau) h_R(\tau') \, d\tau d\tau'$$

$$= (N_0/2) \int_{-\infty}^{\infty}\int_{-\infty}^{\infty} \delta(\tau-\tau') h_R(\tau) h_R(\tau') \, d\tau d\tau'$$

$$= (N_0/2) \int_{-\infty}^{\infty} h_R{}^2(\tau) \, d\tau = (N_0/2) \int_{-\infty}^{\infty} |h_R(f)|^2 \, df$$

11.5
$$\int_{-\infty}^{\infty} |S(t)|^2 df = \int_{-\infty}^{\infty} s(f) s^*(f) \, df$$

$$= \int_{-\infty}^{\infty} \left(\int_{-\infty}^{\infty} s(t) \exp(j2\pi ft) \, dt\right) s^*(f) \, df$$

$$= \int_{-\infty}^{\infty} s(t) \left(\int_{-\infty}^{\infty} s(f) \exp(-j2\pi ft) \, df\right)^* dt$$

$$= \int_{-\infty}^{\infty} s(t) s^*(t) \, dt = \int_{-\infty}^{\infty} s^2(t) \, dt$$

第12章

12.1

(1) 相関検波出力の信号成分は，$f_c T \gg 1$ であることから

$$s_r(T) = A_c{}^2 \int_0^T \cos^2(2\pi f_c t) \, dt \approx E_b$$

ここで，$E_b = A_c{}^2 T/2$ (1 ビットあたりの信号エネルギー)．

雑音成分は

$$n_r(T) = A_c \int_0^T n(t) \cos(2\pi f_c t) \, dt$$

であり，平均零で分散は

$$N = E[n_r{}^2(T)] = A_c{}^2 \int_0^T \int_0^T E[n(t) n(\tau)] \cos(2\pi f_c t) \cos(2\pi f_c \tau) \, dt d\tau$$

白色雑音であるから $E[n(t) n(\tau)] = (N_0/2) \delta(t-\tau)$ となり，$N \approx E_b (N_0/2)$．

以上より，整合フィルタ出力は，平均 E_b で分散 $E_b(N_0/2)$ のガウス変数となる．

(2) $p_1 = \int_0^\infty \dfrac{1}{\sqrt{\pi N_0 E_b}} \exp\left[-\dfrac{\{x-E_b\}^2}{N_0 E_b}\right] dx = \dfrac{1}{2} \mathrm{erfc}\left(\sqrt{\dfrac{E_b}{N_0}}\right)$

12.2
相関検波出力の信号成分は $s_r(T) \approx E_b \cos(\Delta\theta)$，雑音成分は平均零で分散 $E_b(N_0/2)$ のガウス変数．誤り率は

$$p_1 = \int_0^\infty \dfrac{1}{\sqrt{\pi N_0 E_b}} \exp\left[-\dfrac{\{x-E_b \cos \Delta\theta\}^2}{N_0 E_b}\right] dx = \dfrac{1}{2} \mathrm{erfc}\left(\sqrt{\dfrac{E_b \cos \Delta\theta}{N_0}}\right)$$

位相差 $\Delta\theta$ が大きくなるにつれ誤り率が大きくなり，$|\Delta\theta| \geq \pi/2$ では判定誤り率が 0.5 (つまり，判定不能) になる．

第 13 章

13.1 復号誤りパターンは次の通り．必ず3ビット誤りになる．
(1100010), (1011000), (1011000), (1000101), (1100010), (1000101),
(0110001), (0101100), (0101100), (1100010), (0110001), (1011000),
(0010110), (0010110), (0110001), (0101100), (0001011), (0001011),
(0010110), (1000101), (0001011)

13.2 符号化なしのときの 2 PSK のビット誤り率 p は
$$p = (1/2)\,\text{erfc}(\sqrt{E_b/N_0})$$
符号化なしのとき，4 ビットのいずれかが誤るとワード誤りになるから，ワード誤り率は
$$P_w = 1-(1-p)^4 \approx 4p = 2\,\text{erfc}(\sqrt{E_b/N_0})$$
ハミング (7, 4) 符号では 4 ビットの情報ビットを 7 ビットの符号語に符号化する．したがって，送信電力が符号化なしのときと同じとすると，7 ビット符号語のビットエネルギーは $(4/7)E_b$ に減少する．7 ビット符号語中で 1 ビット以上のビット誤りが生ずるとワード誤りになるから，ワード誤り率は
$$P_w = 1 - \{(1-p)^7 + {}_7C_1 p(1-p)^6\}$$
$$\approx 21p^2 = (21/4)\{\text{erfc}(\sqrt{(4/7)E_b/N_0})\}^2$$
ワード誤り率をグラフに描き比較すると誤り訂正符号化の効果がよくわかる．

13.3 符号化なしのとき，2 PSK のビット誤り率 p は
$$p = (1/2)\,\text{erfc}(\sqrt{E_b/N_0})$$
ハミング (7, 4) 符号では 4 ビットの情報ビットを 7 ビットの符号語に符号化する．したがって，送信電力を符号化なしのときと同じとすると，7 ビット符号語のビットエネルギーは $(4/7)E_b$ に減少する．7 ビット符号語中で 1 ビット以上のビット誤りが生ずるとワード誤りになり，ワード誤りが発生すると 3 ビットのビット誤りになる．したがって，ビット誤り率は
$$p \approx (3/7) \times 21p^2 = (9/4)\{\text{erfc}(\sqrt{(4/7)E_b/N_0})\}^2$$
ビット誤り率をグラフに描き比較すると，誤り訂正符号化の効果がよくわかる．

第 14 章

14.1 以下の特徴がある．(a) 周波数分割多重：伝送路の周波数帯域を分割し，複数チャネルの周波数スペクトルが互いに重ならないようにして伝送する．(b) 時分割多重：時間を分割し，複数チャネルのパルスが互いに重ならないようにして伝送する．(c) 符号分割多重：信号より周波数帯域幅の広い拡散系列を送信パルスに乗算して伝送する．拡散系列が互いに直交していることが必要．

14.2
(1) 7 ビット．
(2) 7 ビット符号に 1 ビットの制御ビットが付加される．音声標本化レートは 8

kHz であるから，ビットレートは $(7+1)\times 8 = 64$ kbps．

(3)　24 チャネル時分割多重した多重信号のビットレートは $24\times 64 = 1536$ kbps．125 μs ごとに 1 ビット付加されるフレーム同期ビットのビットレートは 8 kbps であるから，合計で 1544 kbps．

参 考 文 献

第 1 章

 直川一也：「科学技術史―電気・電子技術の発展―」東京電機大学出版局，
  1998 年

第 2〜3 章

 ラシィ：「通信方式―情報伝送の基礎―」（山中惣之助，宇佐美興一　訳）
  朝倉書店，1995 年
 平松啓二：「通信方式」コロナ社，1997 年
 滑川敏彦，奥井重彦：「通信方式」森北出版，1999 年
 萩原将文：「ディジタル信号処理」森北出版，2001 年
 斎藤洋一：「信号とシステム」コロナ社，2003 年

第 4 章

 ラシィ：「通信方式―情報伝送の基礎―」（山中惣之助，宇佐美興一　訳）
  朝倉書店，1995 年
 小倉久直：「確率過程入門」森北出版，2000 年

第 5〜7 章

 高木　相：「通信工学（電気・電子・情報工学基礎講座 22）」朝倉書店，
  1992 年
 ラシィ：「通信方式―情報伝送の基礎―」（山中惣之助，宇佐美興一　訳）
  朝倉書店，1995 年
 滑川敏彦，奥井重彦：「通信方式」森北出版，1999 年
 森口繁一，宇田川銈久，一松　信：「数学公式 I〜III」岩波書店，1956〜
  1960 年

第8章

半谷精一郎：「ディジタル信号処理―基礎から応用―」コロナ社，2000年
萩原将文：「ディジタル信号処理」森北出版，2001年
斎藤洋一：「信号とシステム」コロナ社，2003年

第9章

中田和男：「音声の高能率符号化」森北出版，1986年
萩原将文：「ディジタル信号処理」森北出版，2001年
三樹　聡，守谷健弘，間野一則，大室　仲：「ピッチ同期雑音励振源をもつCELP符号化（PSI‐CELP）」信学論，vol.J77‐A，No.3，pp.314-324，1994年3月
R. Salami, et al.：「Design and description of CS‐ACELP：a toll quality 8 kb/s speech coder」IEEE Trans. Speech and Audio Processing, vol.6, No.2, pp.116-130, 1998

第10～12章

宮内一洋：「通信方式入門」コロナ社，1996年
滑川敏彦，奥井重彦：「通信方式」森北出版，1999年
斎藤洋一：「ディジタル無線通信の変復調」電子情報通信学会，1999年
W. R. Bennet and J. R. Davey：「データ伝送」（甘利省吾　監訳）ラティス，1966年

第13章

今井秀樹：「符号理論」電子情報通信学会，1990年
岩垂好裕：「符号理論入門」昭晃堂，1992年

第14章

山本平一，加藤修三：「TDMA通信」電子情報通信学会，1989年
立川敬二　監修：「W‐CDMA移動通信方式」丸善，2001年

索　　引

ADPCM　95
A/D 変換　91
ARQ　131

CDM　144
CDMA　146
CELP　96

DPCM　94
DSB　63

FDM　143
FM　72
FM 検波利得　78
FM 変調指数　72
FSK　101

NRZ 符号　98

PAM　85
PCM　89
PHS　147
PM　72
PSK　101

RZ 符号　98

S/N　5
SSB　65

TDM　143
TDMA　146

ア　行

誤り検出　134
誤り訂正　134

位相変調　72
移動通信　2
インタリーブ　139
インパルス応答　22

エネルギースペクトル密度　14
エルゴード過程　37
エンファシス　79

オン・オフ符号　98
音声符号化　95

カ　行

拡散系列　144
確率過程　33
確率集合　33
確率分布関数　33
確率密度関数　33
加法定理　22

基底帯域伝送　98
局部発振波　64

携帯電話　1
検査ビット　136

固定通信　3

サ　行

最大周波数偏移　72
雑音指数　54
差分 PCM　94
三角フーリエ級数　6

時間シフト　18

自己相関関数 36
自乗余弦フィルタ 117
自動再送 131
時分割多重 143
時分割多重アクセス 146
周期信号 6
周波数シフト 19
周波数スペクトル密度 13
周波数分割多重 143
周波数変調 2, 72
シュワルツの不等式 109
信号対雑音電力比 54
振幅変調 59

整合フィルタ 110
整流検波 61
線形システム 22
線形予測 93

相関検出 145
側波帯 61

タ 行

帯域通過雑音 45
帯域通過信号 44
多重アクセス 146
畳み込み 20
単位インパルス 18
単側波帯変調 65

直交拡散符号 145
直交関数 7
直交成分 99

通信容量 5

定常過程 36
定常性 36
適応DPCM 95
伝達関数 22
電力スペクトル密度 14, 37, 40

等価低域表現 99

同期検波 64
同相成分 99

ナ 行

ナイキスト間隔 85
ナイキスト基準 115
ナイキスト周波数 85

2元対称通信路 122

ハ 行

白色雑音 39, 54
パーシバルの定理 8, 14, 114
ハミング符号 138
パルス振幅変調 85
パルス符号変調 89
搬送波 58
搬送波帯域伝送 98

非周期信号 6
非線形量子化 93
被変調信号 58
標本化関数 15
標本化定理 82
標本関数 33

フィルタ 25
復調 41
符号化 91
符号化率 135
符号帳駆動線形予測 96
符号分割多重 144
符号分割多重アクセス 147
フーリエ級数 6, 10
フーリエ変換 12

ベースバンド伝送 97
ベッセル関数 73
変調 41
変調指数 59, 72
変調信号 58
変調速度 100

包絡線検波　62

マ　行

マンチェスタ符号　98

ヤ　行

有能雑音電力密度　53

予測符号化　93

ラ　行

理想フィルタ　27
量子化　90
量子化雑音　92
両側波帯変調　63

ルート・ナイキストフィルタ　119

レイリー分布　34

ロールオフファクタ　118

著者略歴

安達文幸(あだちふみゆき)

1950年　新潟県に生まれる
1973年　東北大学工学部電気工学科卒
　　　　同年電電公社（現NTT）電気通信研究所入所
現　在　東北大学大学院工学研究科・教授
　　　　工学博士

電気・電子工学基礎シリーズ8

通信システム工学

定価はカバーに表示

2007年2月25日　初版第1刷
2019年7月25日　　　第9刷

著者　安　達　文　幸
発行者　朝　倉　誠　造
発行所　株式会社　朝倉書店

東京都新宿区新小川町6-29
郵便番号　162-8707
電　話　03(3260)0141
ＦＡＸ　03(3260)0180
http://www.asakura.co.jp

〈検印省略〉

© 2007〈無断複写・転載を禁ず〉

新日本印刷・渡辺製本

ISBN 978-4-254-22878-6　C 3354　　Printed in Japan

JCOPY 〈(社)出版者著作権管理機構 委託出版物〉

本書の無断複写は著作権法上での例外を除き禁じられています．複写される場合は，そのつど事前に，(社)出版者著作権管理機構(電話 03-3513-6969，FAX 03-3513-6979，e-mail: info@jcopy.or.jp)の許諾を得てください．

東北大 松木英敏・東北大 一ノ倉理著
電気・電子工学基礎シリーズ2
電磁エネルギー変換工学
22872-4 C3354　　　A 5 判 180頁 本体2900円

電磁エネルギー変換の基礎理論と変換機器を扱う上での基礎知識および代表的な回転機の動作特性と速度制御法の基礎について解説。〔内容〕序章／電磁エネルギー変換の基礎／磁気エネルギーとエネルギー変換／変圧器／直流機／同期機／誘導機

東北大 安藤　晃・東北大 犬竹正明著
電気・電子工学基礎シリーズ5
高　電　圧　工　学
22875-5 C3354　　　A 5 判 192頁 本体2800円

広範な工業生産分野への応用にとっての基礎となる知識と技術を解説。〔内容〕気体の性質と荷電粒子の基礎過程／気体・液体・固体中の放電現象と絶縁破壊／パルス放電と雷現象／高電圧の発生と計測／高電圧機器と安全対策／高電圧・放電応用

日大 阿部健一・東北大 吉澤　誠著
電気・電子工学基礎シリーズ6
システム制御工学
22876-2 C3354　　　A 5 判 164頁 本体2800円

線形系の状態空間表現，ディジタルや非線形制御系および確率システムの制御の基礎知識を解説。〔内容〕線形システムの表現／線形システムの解析／状態空間法によるフィードバック系の設計／ディジタル制御／非線形システム／確率システム

東北大 山田博仁著
電気・電子工学基礎シリーズ7
電　気　回　路
22877-9 C3354　　　A 5 判 176頁 本体2600円

電磁気学との関係について明確にし，電気回路学に現れる様々な仮定や現象の物理的意味について詳述した教科書。〔内容〕電気回路の基本法則／回路素子／交流回路／回路方程式／線形回路において成り立つ諸定理／二端子対回路／分布定数回路

東北大 伊藤弘昌編著
電気・電子工学基礎シリーズ10
フォトニクス基礎
22880-9 C3354　　　A 5 判 224頁 本体3200円

基礎的な事項と重要な展開について，それぞれの分野の専門家が解説した入門書。〔内容〕フォトニクスの歩み／光の基本的性質／レーザの基礎／非線形光学の基礎／光導波路・光デバイスの基礎／光デバイス／光通信システム／高機能光計測

東北大 末光眞希・東北大 枝松圭一著
電気・電子工学基礎シリーズ15
量　子　力　学　基　礎
22885-4 C3354　　　A 5 判 164頁 本体2600円

量子力学成立の前史から基礎的応用まで平易解説。〔内容〕光の謎／原子構造の謎／ボーアの前期量子論／量子力学の誕生／シュレーディンガー方程式と波動関数／物理量と演算子／自由粒子の波動関数／1次元井戸型ポテンシャル中の粒子／他

東北大 中島康治著
電気・電子工学基礎シリーズ16
量　子　力　学
－概念とベクトル・マトリクス展開－
22886-1 C3354　　　A 5 判 200頁 本体2800円

量子力学の概念や枠組みを理解するガイドラインを簡潔に解説。〔内容〕誕生と概要／シュレーディンガー方程式と演算子／固有方程式の解と基本的性質／波動関数と状態ベクトル／演算子とマトリクス／近似的方法／量子現象と多体系／他

東北大 田中和之・秋田大 林　正彦・東北大 海老澤丕道著
電気・電子工学基礎シリーズ21
電子情報系の応　用　数　学
22891-5 C3354　　　A 5 判 248頁 本体3400円

専門科目を学習するために必要となる項目の数学的定義を明確にし，例題を多く入れ，その解法を可能な限り詳細かつ平易に解説。〔内容〕フーリエ解析／複素関数／複素積分／複素関数の展開／ラプラス変換／特殊関数／2階線形偏微分方程式

ペンギン電子工学辞典編集委員会訳

ペンギン電子工学辞典
22154-1 C3555　　　B 5 判 544頁 本体14000円

電子工学に関わる固体物理などの基礎理論から応用に至る重要な5000項目について解説したもの。用語の重要性に応じて数行のものからページを跨がって解説したものまでを五十音順配列。なお，ナノテクノロジー，現代通信技術，音響技術，コンピュータ技術に関する用語も多く含む。また，解説に当たっては，400に及ぶ図表を用い，より明解に理解しやすいよう配慮されている。巻末には，回路図に用いる記号の一覧，基本的な定数表，重要な事項の年表など，充実した付録も収載。

上記価格（税別）は 2015 年 2 月現在